全国高职高专印刷与包装类专业教学指导委员会规划统编教材

平版印刷实训教程

PingBan YinShua ShiXun JiaoCheng

编　著：唐耀存
主　审：吴　欣

内容提要

本书是理论与实训相结合的一体化教材，内容涉及平版印刷工必备的操作技能与相关理论知识。

本书内容选取以平版印刷工岗位要求为依据，以平版印刷工国家职业标准为参考。全书共分为4个模块，31个任务，每个任务又包含"实训指导"和"实训项目"两部分。"实训指导"包括了平版印刷相关的理论知识，内容选取以够用为原则；"实训项目"包括了实训过程、操作规程、考核办法和评分标准等。

本书还提供了与本书内容同步的示范操作视频，演示了平版印刷基本操作项目，可以从文化发展出版社网站（www.wenhuafazhan.com）下载。

本书适合作为高职高专院校印刷、包装类专业平版印刷实训课程的示范教材，也适合印刷中等职业院校选用，还可供印刷企业的平版印刷工学习参考。

图书在版编目（CIP）数据

平版印刷实训教程/唐耀存编著. -北京:文化发展出版社，2011.3（2023.1重印）

全国高职高专印刷与包装类专业教学指导委员会规划统编教材

ISBN 978-7-5142-0078-2

I.平… II.唐… III.平版印刷－教材 IV.TS82

中国版本图书馆CIP数据核字(2011)第038080号

平版印刷实训教程

编　　著：唐耀存　　主　　审：吴　欣

出 版 人：武　赫

责任编辑：魏　欣　　责任校对：郭　平

责任印制：邓辉明　　责任设计：韦思卓

出版发行：文化发展出版社（北京市翠微路2号 邮编：100036）

发行电话：010-88275993　010-88275711

网　　址：www.wenhuafazhan.com

经　　销：各地新华书店

印　　刷：北京捷迅佳彩印刷有限公司

开　　本：787mm×1092mm　1/16

字　　数：310千字

印　　张：13.25

印　　数：8701～9200

版　　次：2011年4月第1版

印　　次：2023年1月第10次印刷

定　　价：49.00元

ISBN：978-7-5142-0078-2

出版说明

CHUBAN SHUOMING

20世纪80年代以来，世界印刷技术飞速发展，中国印刷业无论在技术层面还是产业层面都取得了长足的进步。桌面出版系统、激光照排、CTP技术、数字印刷、数字化工作流程等新技术、新设备在中国印刷业得到了快速普及与应用。

新闻出版总署发布的印刷业“十二五”时期发展规划提出，要在“十二五”期末使我国从印刷大国向印刷强国的转变取得重大进展，成为全球第二印刷大国和世界印刷中心，我国印刷业的总产值达到9800亿元。如此迅猛发展的产业形势对印刷人才的培养和教育工作也提出了更高的要求。

近30年来，我国印刷高等教育与印刷产业一起得到了很大发展，开设印刷专业的职业院校不断增多，培养的印刷专业人才无论在数量上还是质量上都有了很大提高。印刷产业的发展离不开职业教育的支持，教材又是教学工作的重要组成部分，印刷工业出版社自成立以来，一直致力于专业教材的出版，与国内主要印刷专业院校建立了长期友好的合作关系，出版了一系列经典实用的专业教材。

2005～2010年期间，印刷工业出版社作为“全国高职高专印刷与包装类专业教学指导委员会”（以下简称‘教指委’）委员单位，根据教育部《全面提高高等职业教育教学质量的若干意见》的指导思想，在教指委的规划指导下，组织国内主要印刷包装高职院校的骨干教师，编写出版了《印刷专业技能基础》《数字印前技术》《印刷色彩管理》《组版技术》《包装材料学》《印刷概论》《印刷原理与工艺》《数字印刷与计算机直接制版技术》《制版工艺》《印刷电工电子学》《印刷色彩学》《胶印机操作与维修》《印刷质量控制与检测》《现代印刷企业管理与法规》《柔性版印刷技术》《印后加工工艺及设备》《印刷专业英语》共计17门高职高专规划统编教材，其中，《包装材料学》《印刷专业技能基础》《数字印前技术》《印刷色彩管理》《组版技术》5本教材被教育部列为“十一五”国家级规划教材；《印刷专业技能基础》在2008年被教育部评选为“十一五”国家级规划教材中的精品教材。这套教材出版后，得到了全国印刷包装高职院校的广泛使用，有多本教材在短时间内多次重印。

随着印刷专业技术的快速发展和高等职业教育改革的不断深化，为了更好地推动印刷与包装类专业教育教学改革与课程建设，紧密配合教育部“十二五”国家级规划教材的建设，2010年，教指委根据全国印刷包装高职院校的专业建设和教学工作的实际需要，又规划并评审通过了一批统编教材，进一步补充和完善了已有的教材体系。印刷工业出版社承担了《数字印刷实训教程》《纸包装印后加工技术》《丝网印刷工艺与实训》《数字图像处理与制版技术》《印刷电气控制与维护》《数字化工作流程应用技术》《平版印刷实训教程》《印刷工价计算》等多本规划统编教材的出版工作。同时，还将对已经出版的统编教材进行修订，这些教材将于2011～2012年期间陆续出版。

总的来说，这套教材具有以下显著特点：

● 注重基础，针对性强。本套教材的编写紧紧围绕高职高专教育教学改革的需要，从实际出发，重新构建体系，保证基本理论和内容体系的完整阐述，符合高职高专各专业课程的教学要求。

● 工学结合，实用性强。本套教材依照高等职业教育的定位，突出高职教育重在强化学生实践能力培养的特点，教材内容在必备的专业基础知识理论和体系的基础上，突出职业岗位的技能要求，在不影响体系完整性和不妨碍理解的前提下，尽量减少纯理论的叙述，并采用生产案例加以说明，使高职高专的学生和相关自学者能够更好地学以致用，收到实效。

● 风格清新，体例新颖。本套教材在贯彻知识、能力、技术三位一体教育原则的基础上，力求编写风格和表达形式有所突破，应用了大量的图表、案例等形式，并配备相应的复习思考题，实训教程还配备相应的实训参考题，以降低学习难度，增加学习兴趣，强化学生的素质，提高学生的操作能力。本套教材是国内最新的高职高专印刷包装类专业教材，可解决当前高等职业教育印刷包装专业教材急需更新的迫切需求。

● 编者队伍实力雄厚。本套教材的编者来自全国主要印刷高职院校，均是各院校最有实力的教授、副教授以及从事教学工作多年的骨干教师，对高职教育的特点和要求十分了解，有丰富的教学、实践以及教材编写经验。

● 实现立体化建设。本套教材采用教材+配套PPT课件（供使用教材的院校老师免费使用）。

“全国高职高专印刷与包装类专业教学指导委员会规划统编教材”已经陆续出版并稳步前进，我们真诚地希望全国相关院校的师生及行业专家将本套教材在使用中发现的问题及时反馈给我们，以利于我们改进工作，便于作者再版时对教材进行改进，使教材质量不断提高，真正满足当今职业教育发展的需求。

印刷工业出版社

2011年4月

一直以来，把培养平版印刷工所需的知识分解成印刷色彩、印刷材料、印刷设备、印刷工艺、印刷质量控制等多门学科，分别进行教学，结果是学生对知识的综合运用能力不强，知识分散，学习目的性不强，学习效果不佳。这一结果不利于学生职业能力的形成与提高，不适合以技能教育为主的职业教育的需要。本教程不再把知识按学科分类讲解，而是把所有知识整合为一体，按工作岗位与工作任务的不同，分解成许多工作项目，按生产过程组织起来。

本教程分为实训指导与实训项目两部分，实训指导内容根据实操与实训需要进行选取，以够用为原则，大量精简了传统教材的内容。实训指导与实训项目紧密结合，实训指导后紧跟相应实训项目。实训指导也就是指导实操的理论，但不同于传统意义上的理论教学。实训项目包括实训过程、操作规程、考核方法和评分标准等，实训教学资料全面丰富。

本教程以平版印刷岗位要求为依据，以平版印刷职业资格标准为参考选取教学内容，教学内容按生产过程组织，适合在印刷实训室或印刷生产车间进行现场一体化教学。本教程整合了印刷材料、印刷色彩、印刷质量控制、印刷机械与印刷工艺知识，是培养平版印刷岗位操作人员和平版印刷中级工的理想教材。本教程充分体现了教育部《关于全面提高高等职业教育教学质量的意见》（2006 年第 16 号文件）的精神。

本教程充分考虑中级工与高级工之间的差别，所选内容以中级工为标准，内容安排上由浅到深。平版印刷工各级别之间在技能上的主要区别：初级工只会平版印刷的基本操作，还不能独立印刷产品，中级工能独立印刷简单的产品，但多色印刷能力不强，高级工能印刷较复杂的产品，并能处理印刷中的一些简单问题，属生产型高技能人才。本教程主要根据以上标准对教学内容进行分级分类编排，并参考各级平版印刷职业资格标准确定各级别教学内容。

本教程实训指导部分（相当于理论部分）可在教室集中讲授，实训项目部分在实训室分组实训。本教程也可全部在实训室分组进行理论与实训一体化教学。为解决学校印刷机数量不足问题，还可以把学生放到企业进行教学，实训指导采取集中式教学，实训项目通过顶岗实习完成。本教程也可采取工学结合方式进行教学，每周安排 2 天回校上课，3 天到印刷厂胶印机操作岗位进行实习。总之，本教程适合多种教学模式，灵活多样，满足职业教育教学模式改革的需要。

本教程为高职高专印刷包装类专业平版印刷实训课程教材，也可作为平版印刷非学历教育短训班或考证班的培训教材使用，还适合中等职业学校选用，也可供印刷、包装企业从业人员参考。

编著者

2010 年 12 月

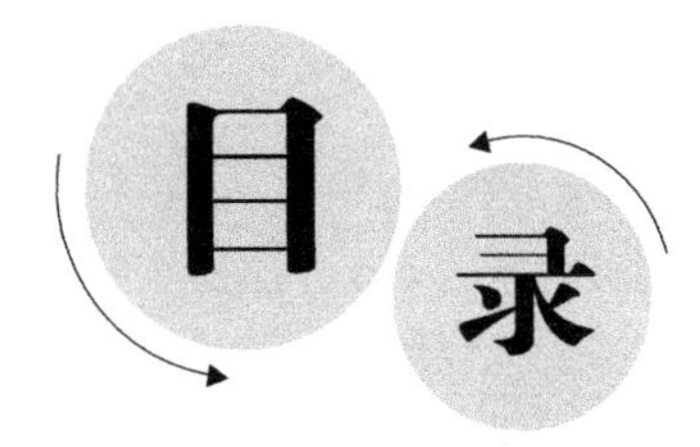

目录

模块一

平版印刷基本常识

内容提要

任务一

平版印刷基本原理

实训指导

一、平版印刷的概念

平版印刷就是使用平版进行印刷的现代印刷方式之一，习惯上又称为平版胶印。平版印刷的印版表面是平的，简称为平版，即印版的图文部分与非图文部分基本同面，相差1～2μm，完全不同于凸版与凹版而得名。平版结构如图1－1所示。平版的图文部分与非图文部分具有不同的吸附特性，图文部分具有亲油疏水性，空白部分具有极强的亲水性。

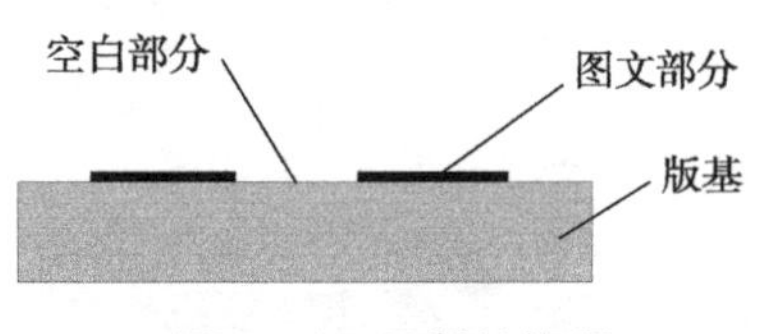

图1－1　平版结构图

二、平版印刷的原理

平版印刷是利用“油水相斥”原理，通过“先上水后上墨”而实现的。首先用水辊向印版涂布水（简称上水），由于印版空白部分具有亲水性，故空白部分吸附一层水膜，然后再用墨辊向印版涂布油墨（简称上墨），由于印版图文部分具有亲油性，故图文部分就会吸附一层墨膜，而空白部分因有水膜保护而排斥油墨，不能吸附油墨。图文部分吸附的墨膜转印到承印物上就实现了图文转移。印刷原理如图1－2所示。

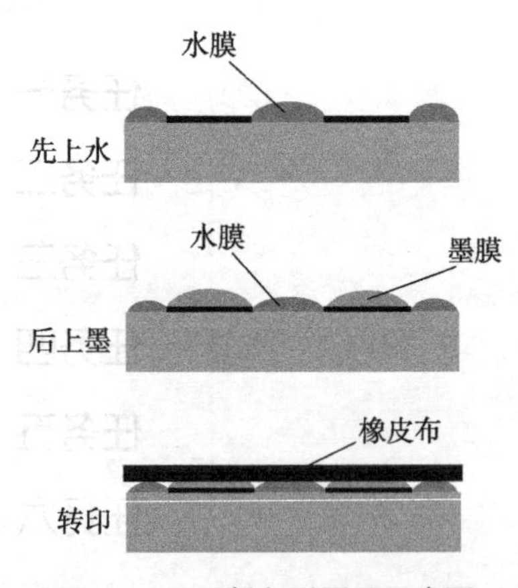

图1－2　平版印刷原理示意图

三、现代平版印刷的方式

现代平版印刷都是圆压圆式，印版装在圆形的印版滚筒上，通过圆形的橡皮布滚筒把印版上的油墨转印到承印物上，属间接印刷方式，三滚筒结构如图1－3所示（单面印刷）。B－B型滚筒结构如图1－4所示（可双面印刷）。由于橡皮布具有丰富的弹性，故平版印刷的承印物范围很广，印刷适性很好，再加上平版制版的简单快捷性，平版印刷已成为现代印刷的重要印刷方式，并将长期存在与发展。橡皮布滚筒，有时也称为胶皮滚筒，通过胶皮滚筒转移图文的印刷方式也自然就有了“胶印”的别名。一般情况下，“胶印”指的就是平版胶印。

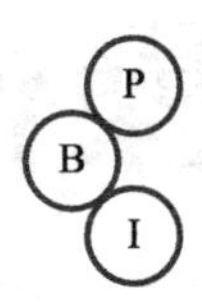

图1－3　三滚筒结构示意图

P—印版滚筒；B—橡皮布滚筒；I—压印滚筒

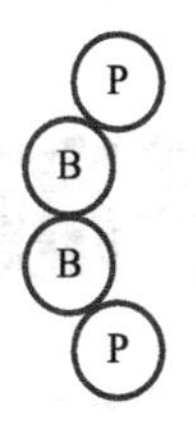

图1－4　B－B型滚筒结构示意图

P—印版滚筒；B—橡皮布滚筒

1. 什么是平版印刷，平版印刷与胶印有什么区别？
2. 什么是平版，平版与凸版有什么区别？
3. 平版表面的吸附特性是怎样的？
4. 简述平版印刷的实现过程。
5. 为什么平版印刷要“先上水后上墨”？
6. 平版印刷为什么一定要求“油水相斥”？
7. 什么是间接印刷，什么是直接印刷，两者有何区别？
8. 平版印刷有哪些优势，存在哪些不足，其发展前景如何？
9. 平版印刷为什么不采用直接印刷？
10. 除了平版胶印外，还有哪些胶印？

任务二

平版印刷安全操作

一、平版印刷安全操作规程

1. 安全操作总规程

（1）每次开动设备前，先要检查设备上有无遗留工夹具、螺钉、铁屑等杂物，排除一切障碍物；危险区域有否旁人走近；机台之间必须互相关照和联系，避免损坏设备或工伤事故。

（2）机台启动后，操作者必须集中精神，坚守岗位，非因生产联系，不要互相闲谈或看书报，不准做与本职工作无关之事，不准擅自把工作交给他人。严禁手脚及物件放在运转位置上。

（3）两班制生产要严格执行交接班制度，尾班下班前必须切断设备的电源，清理场地，检查确认一切做妥后才能下班。

（4）维修、调整、检查设备，并拆卸防护罩时，须先停电关机，各类设备不准超限使用，不准无防护开车。中途停电，要关闭一切设备电源。

（5）机台设备操作工，必须按照随机来的使用说明书进行操作，并熟悉其设备性能、生产工艺要求和设备操作规程。设备定人操作管理及保养，不准乱开乱动他人设备。

（6）凡设备在运转过程中，发现有异声异味或故障征兆，必须立即停车认真检查，找出原因或通知机修人员立即进行抢修。

（7）检查修理机械、电气设备时，要有专人负责停、送电，并要悬挂停电警示牌，停电牌必须谁挂谁取，非工作人员禁止合闸，在合闸前要细心检查，确认无人检修，并先打招呼方准合闸。

（8）车间电线应分动力、生产照明、非生产用电三组线路安装，车间下班时，要将动力电及生产照明电总开关电源切断，只准留非生产照明电，以防下班后因电器问题发生事故。

（9）一切电器、机械设备的金属外壳一律必须要有可靠接地的安全措施。行灯机床等局部照明电压不得超过36V。严禁用纸皮、布料等易燃物品做灯罩。保险丝安装要符合用电安全规定。

（10）配电房、配电屏及电柜附近，不得存放易燃、导电物品、杂物、电线及一切通电设备，不准物品挤压。电柜等电器设备附近，不准乱钉乱挂杂物。

（11）化学、易燃、易爆工作地和仓库，要安装密闭式防爆型电气照明设备。易燃、易爆、腐蚀、有毒等危险物品必须分类妥善存放，并设专人管理。

（12）各种消防器材、工具应按消防规范设置齐全，不准随便动用，安放地点周围不得堆放其他物品。

（13）搬运设备、原料、半成品和成品等一切物品，要轻拿轻放，安全第一，搬运工具要有足够安全保险系数，货物堆放要整齐、美观、牢固可靠，搬运时精神要集中切不要冒险作业。严禁从行驶中的机动车辆爬上、跳下，以免发生事故。

（14）发生重大事故时，应即时关闭电源或关闭切除引起事故的祸源，及时全力抢救，应保护现场，并立即报告领导和上级主管部门。

（15）为确保安全生产，保持厂区、车间、仓库、通道等整齐清洁，畅通无阻。

（16）搞好文明生产，企业领导要经常教育职工必须自觉遵守各项安全操作规程，职工在工作过程中要互相关心、爱护，发现违反操作规程的行为要及时劝告制止，专职人员、车间主任、班组长对违反安全规章制度的职工有权制止，对多次教育不改者，可停其工作，进行经济处罚，并报告有关部门或领导处理。

2. 胶印机安全操作规程

（1）点动、运转机器前应先打铃或打招呼。

（2）修机、调机应停锁或关电源，并挂牌指示。

（3）不要太靠近机器运动部件，至少保持10cm以上距离。

（4）严禁对运转的机器进行各种操作，更不能接触运动部件。

（5）严禁用手刮墨皮，严禁用手刮粘在胶皮上的纸张，严禁用手抢纸。

（6）不要触摸电器部件。

（7）机器运转时，不要进入机内操作，包括输纸板下、输纸台下、收纸台下。

（8）保持机器周围干净、干燥，油、水等液体应马上擦除。

（9）不留长发、不穿裙子、不穿拖鞋上班。

（10）点动机器擦墨辊应集中注意力，小心安全。开机洗墨斗，擦布要抓紧，注意不要把布卷入墨辊中。初学者要停机洗墨斗。

（11）严格遵守平版印刷操作规程，按操作规程进行规范操作。

（12）机器检测装置、安全装置应灵敏、有效，不得拆除。

（13）各工具、物品应放指定地点，不得乱摆乱放，机器上禁放处不得放物品。

（14）每天开机前应了解交班情况，并对设备作安全检查。

（15）机器运转中，应随时关注设备安全性，发现异常情况应马上停机、停电后检查。

（16）车间禁烟、禁火、禁用电炉。

（17）修机、保养机器结束后，应收好工具、物品，并作安全检查。

（18）开机过程中用墨铲向墨辊直接加墨时墨铲不要放得太平或用力过大，防止发生事故。初学时要停机加墨或者墨铲不能接触墨辊进行间接加墨。

（19）严格遵守岗位责任制，非自己操作机器不能乱开，学习技术要征得机长及掌机者同意，操作时要有教师在场指导。

（20）尾班下班前一定要切断电源，并做好交班工作，交清设备情况。

3. 用电与防火安全要求

（1）厂区范围内严禁吸烟（指定的吸烟室、点除外）。

（2）凡经批准使用的电炉、电热器，严禁放在木板、桌椅、纸张等可燃物品上，并必须做到人离断电源。

（3）所用照明灯、光管，严禁用纸、木器及可燃品做灯罩。

（4）厂内集体宿舍，严禁使用明火炉、电炉及严禁卧在床上吸烟。

（5）机台、切纸机所有废纸、纸边严禁堆放在电源开关附近。

（6）凡汽油、天拿水、酒精、苯等低闪点的易燃化学物品，严禁放在电动机、电开关、电热器旁。

（7）凡领用携带汽油等低闪点的易燃、易爆物品时，严禁接近火源。

（8）凡存放易燃易爆物品的仓库，严禁使用日光管及100瓦以上的灯泡。

（9）凡进入油库及易燃、可燃化工仓库内，严禁携带火柴、打火机及一切火种。

（10）非因工作，未经许可，严禁进入各大小仓库内。

（11）凡打好包的纸碎，必须存放在指定的地方。

（12）全厂范围内严禁控制用火，特殊情况确因生产需要火、生火、烧焊用明火，须经厂保卫部门或设备科批准，并切实注意用火安全。

（13）根据电气设备（电炉、电风扇、照明等）使用规定，谁开谁负责关的原则。

（14）运输汽油、天拿水、酒精等低闪点及易燃易爆、有毒物品等，司机必须严格按有关规定做好防范工作，携带灭火器，并教育和督促搬运工不得在车上吸烟和撞击，没有尽职而引起火警火灾，视情节主次追究司机责任。

（15）凡需要进入各仓库内提交货者，必须遵守仓库的安全防火规定，并服从各仓管员的指挥，违者，仓管员有权不收、发货及令其离开仓库，不听者，要及时报告所属领导处理。

（16）凡生产车间、部门的原材物料（指易燃易爆物品），应建立领用、及时回收的制度，实行随领随用，连续性生产的部门不得超过两天的生产用量（周末节日剩余的，要退回仓库或集中统一保管）。

（17）装卸易燃、易爆物品时，必须轻拿轻放，严禁在车上、高处向底下或向上抛，或用跳板任其滑行，互相碰撞，或撞其他东西等。

（18）需领用油桶、槽罐装易燃化工物品，不得超过安全标准，必须预留10～12cm，严禁装满。

（19）易燃、可燃物品的司机及随车工作人员，有责任保护汽车及货物的安全，凡发现油罐漏油，汽车斗板上漏存有可燃、易燃液体时，司机必须停熄发动机，随车人员不要装、卸车，并严禁进入一切大小仓库内，必须清理干净后才能操作。

（20）仓库、原料、上光车间及其他车间、部门因生产使用的定量外，任何车间、部门严禁存放易燃、易爆物品。

（21）严禁使用电热器及在烘炉旁边烤衣服。

（22）生产需要的电热器要有专人看管，并远离一切可燃物，电器设备应定期检查，发现问题及时整顿。

（23）各车间和生产场地的可燃废物要及时清除，带油的油纱布、油抹布等物要集中到安全地点，以免引燃和发生自燃。

（24）通路、走道、楼梯等安全出入口及通向消防设备和水源的通路要经常保持畅通。

（25）风焊、电焊作业时，要选择在安全地点进行，氧气瓶、乙炔发生器要远离火源、高压线。

（26）根据生产情况，配备相应种类和数量的消防设备，分别布置在明显和便于取用的地点，并经常检查、保养，不准擅自挪作他用。

（27）发现火警迅速组织扑救，并立即报市消防队，电话“119”。

4. 防火器材管理

（1）凡是灭火器材存放处必须保持畅通，严禁堵塞，凡是消防栓放置的地方，所有物品必须与其保持1m距离。

（2）凡防火器材及消防栓，在非发生火灾时，未经安全保卫部门批准，任何人严禁动用。

（3）各车间、部门所配备的灭火器，必须设托架存放在明显处，每年六月份由安全保卫专人清点数量，不足的要配足。

（4）所有车间、部门管辖的防火器材，每季度必须进行清洁，检查是否保持良好状态，并每年由专人检查、换药，不合格的要调换。

（5）全厂所有的防火器材，未经有关部门批准，任何人不得借给外单位。

（6）非因救灾而损坏防火器材者，一律按价赔偿及负责维修费用。

（7）全厂职工有责任保护厂内所有防火设施和防火器材，凡发现有损坏或挪作他用者，有权制止并及时报告主管领导处理。

二、文明生产要求

（1）着装整齐，穿工作服上班。

（2）不乱丢纸张，纸张分类堆放整齐。

（3）机台周围干净整洁，物品摆放整齐有序。

（4）经常打扫卫生、清洁机器。

（5）不随地吐痰。

三、实训管理制度

（1）按时上下课，不迟到，不早退。

（2）不得在实训室打闹、追逐。

（3）未经教师同意不准动用其他设备。

（4）不得拿走实训室的纸张与工具等物品。

（5）操作印刷机必须在教师指导下进行，调节印刷机必须经教师同意。

（6）上课时间不得随意进出实训室。

（7）教师讲课期间认真听讲，学生不得随意离岗。

（8）操作机器时同学之间要相互配合，相互帮助，相互协作，完成实训任务。

（9）教师不得随意调节印刷机，因教学需要调节的，下课前要调回原位。

（10）按规定进行设备保养，机器故障应按规定及时报修。

（11）每天安排值日生清洁实训室、清洗印刷机，印刷机未清洗干净不得下课。

四、车间现场管理制度

（1）印刷机规则排列，机头方向一致，印刷机之间距离充足，操作方便，互不影响。

（2）油墨及印刷辅助材料有规则地堆放到印刷传动面侧，取用方便。

（3）调机装版等工具存放到工具箱及指定地点。

（4）印版存放在指定地点，并堆放整齐有序。

（5）印刷用纸张堆放在车间原材料区域，印刷半成品堆放在印刷机附近，印刷成品堆放在成品区域，各种产品按区堆放，互不混淆。各区域及通道要画线区分。

（6）车间通道畅通无阻，不得堆放纸张或其他物品。

（7）机台周围干净整洁，无杂物无纸屑。

（8）印刷机表面干净清洁，机器踏板干净无污垢。

（9）看样台表面干净无杂物堆放，原稿或样张摆放整齐。

（10）洗版槽、刮墨斗、墨铲等每天清洗干净。

（11）车间墙壁干净，车间地面无油污，车间无卫生死角。

（12）擦布与海绵放在指定地点，墨渣与废纸等废物放到废物桶内。

（13）齐纸台位置不得随意搬动，齐纸台上纸张堆放整齐。

（14）过版纸分类整齐堆放在指定地点。

五、设备管理制度

（1）所有设备都要有专人负责管理，实行定人、定岗位管理制度。

（2）操作人员上机前，必须经过技术培训、学习有关设备的结构、性能、使用、维修保养和技术与安全操作规程等，经考核合格者，才能独立操作。

（3）生产设备实行机长负责制。

（4）设备运行中，有故障隐患需及时报告并进行检查修理，严防设备“带病”生产。

（5）设备发生事故要保护现场，及时报告处理，知情不报及破坏事故现场要严肃处理，并视情节进行经济处罚。

（6）不准乱开他人机器，不准乱调机器关键部件，修机与调机必须严格按岗位职责权限办理，无权人员不准乱用、乱调、乱修设备。

（7）新工人应在有关人员指导下方可操作设备。

（8）不允许精机粗用，严禁设备超负荷、超规范使用，处理、安装工夹具等都应停机进行，不准随意拆除安全装置和零部件。电力供应中断时，应立即切断机台的电源，使全部手柄、手把打回安全位置。

（9）操作工在下班前，必须把本机台在操作中发现的问题和异常情况，按项目详细记载在交接班簿上，便于有关接班人员了解设备状况。

（10）一旦设备事故发生后，应立即切断电源，保持现场完整，并立即报告设备主管人员。然后立即会同机修人员认真及时进行抢修，并组织车间主管、设备主管人员、机修人员、操作工人进行调查分析与处理。重大事故要报告上级主管部门。对设备事故要做到“三不放过”：即事故原因不清不放过，事故者及广大职工不受教育不放过，没有防范措施不放过。在事故发生三天内填写“设备事故报告单”。

（11）未经领导同意，不许别人动用自己所使用的设备。

（12）设备开动前，必须检查各部分，一切正常方可开车。

（13）设备运行过程中，应经常观察各部件运转情况，如有异常，应立即停车检查，会同维修人员分析处理。

（14）按规定进行设备保养。

六、工伤事故处理原则

（1）发生工伤事故，应立即停机、断电。

（2）身体被卡夹在机器中或者被卷入机器内，应马上报告，由专业人员处理，他人不要盲目反向点动机器取出或强行拉出，以免造成二次伤害。

（3）发生工伤事故造成出血，应先止血，然后再进行其他处理。

（4）处理重大工伤事故要及时、快速，不能拖延时间造成更大损失。

（5）处理工伤事故以抢救伤员为重心，以牺牲设备为代价。

1. 胶印机安全操作规程包括哪些内容？
2. 设备开启前应做哪些工作？
3. 设备启动后应如何对待？
4. 维修检查设备应如何操作才能确保安全？
5. 设备运转中发现异常征兆应如何处理？
6. 车间电线应分几组安装，为什么？
7. 搬运半成品要注意哪些安全事项？
8. 发生重大事故应如何处理？
9. 存放易燃物品的仓库使用照明设备有哪些要求？
10. 装卸易燃易爆物品应如何操作？
11. 文明生产有哪些？
12. 学生在实训时应遵守哪些实训管理制度？
13. 印刷半成品、白料、成品摆放有什么要求？
14. 车间现场管理要求有哪些？
15. 三不放过指什么？

16. 发生设备事故后应如何处理？

17. 独立操作印刷机应具备哪些条件？

18. 使用印刷机应遵守哪些规范？

19. 发生工伤事故后应如何处理？

任务三

认识印刷材料

一、纸张

1. 纸张的组成

纸张一般由植物纤维相互交织，再加适量的填料、胶料、色料组成。各成分的作用如下。

（1）植物纤维。植物纤维是构成纸张的主要成分，是从木材、草类等植物中提取出来的。植物纤维是决定纸张强度等纸张性能的主要因素。

（2）填料。填料是细小矿物颗粒，其作用是填充纤维间的空隙，使纸张平整、光滑，增加纸张重量，降低纸张透明度，提高纸张白度，增加纸张耐磨能力，降低纸张吸收性。常用填料有黏土、高岭土、二氧化钛等矿物质。

（3）胶料。胶料是一种胶质物，可做粘接纤维、填料，堵塞纤维间的间隙，减少毛细管作用，增加纤维黏结力，改善纸张强度与光泽，减少纸张表面起毛现象，降低纸张吸水性，增加纸张表面强度。添加胶料主要有内部施胶和表面施胶两种。内部施胶是指把胶料加到纸浆中，表面施胶是指把胶料涂布在纸张表面。施胶度是根据纸张的吸水性要求来定的，新闻纸不施胶，书写纸施胶度最大。

（4）色料。色料是对纸进行漂白、调色所用材料的统称，色料可使纸张增白或调节纸张颜色。为了提高纸张的白度，一般在纸张中添加荧光增白剂，不是所有的纸都加色料。

2. 纸张的分类

纸张有很多分类方法。纸张按表面是否涂布可分为涂料纸与非涂料纸。涂料纸是指在原纸表面涂布了一层涂料的纸张，涂料纸一般比非涂料纸表面平整光滑，纸张印刷性能有所改善，是一种高级印刷用纸。常用印刷用纸张主要有铜版纸、胶版纸、书刊纸、白板纸、新闻纸。铜版纸属涂料纸，胶版纸属非涂料纸。纸张根据质量档次一般分为三个等级，常用 A、B、C 表示，A 级为最好。纸张按包装形式可分为单张纸与卷筒纸，单张纸可通过卷筒纸分切而成。

3. 印刷纸张的主要性能

描述纸张性能的有关专业术语如下。

（1）白度。指纸张的洁白程度。

（2）表面强度。指纸张表面各组分之间的结合牢度。

（3）抗张强度。指纸张抗拉断的能力。

（4）纸张的伸缩性。指纸张尺寸的伸缩特性。纸张吸水伸长，纸张脱水缩短。

（5）吸收性。指纸张对液体的吸收程度，可分为吸水性与吸墨性。

（6）不透明度。指纸张的挡光能力。挡光能力越强，不透明度越高。

（7）抗水性。指纸张抗水的能力。纸张抗水性强，吸水性就差。

（8）光泽度。指纸张表面集中反射光线的能力。

（9）平滑度。指纸张表面平整光滑的程度。

（10）紧度。指纸张的紧密程度，也就是纸张的密度。

（11）酸碱性。指纸张的酸性或碱性，也就是纸张的 pH 值。

（12）纸张的丝向。指纸张纤维的排列方向。

① 纸张的纵向：指纸张纤维的排列方向，即纤维的长度方向。

② 纸张的横向：指与纸张纤维排列相垂直的方向。

4. 常用纸张的用途

（1）铜版纸

铜版纸是在原纸表面涂布一层白色涂料后经压光处理制成的表面光滑平整的高级印刷纸。铜版纸具有白度高、光泽度好、平滑度高、吸墨性均匀、伸缩率小、紧度大、纸面强度和抗张强度较高的特性，但纸质紧密，吸墨性、弹塑性较差。铜版纸主要用于印刷精细的网线印刷品，是彩色印刷品与高档印刷品的首选纸张。铜版纸有单面铜版纸（单铜）与双面铜版纸（双铜）之分，单铜是单面进行涂布的纸张，其正反面的平滑度与光泽度等有较大差别，一般只进行单面印刷。铜版纸最显著的外观特点是纸张表面白而有光泽。

（2）胶版纸

胶版纸是仅次于铜版纸的高级非涂料印刷纸，主要用于胶印书刊、画册、海报、期刊等普通单色印刷品或普通彩色印刷品的印刷。胶版纸在白度、表面强度、平滑度、不透明度等方面都比铜版纸稍低些。胶版纸也有单面胶版纸（单胶）与双面胶版纸（双胶）之分，单胶纸是单面进行表面施胶的纸张，其正反面有较大不同，一般只用于单面印刷。胶版纸最显著的外观特点是纸张表面白而无光泽。

（3）书刊纸

书刊纸是书刊、杂志等文字印刷品的胶印用纸。书刊纸在白度上不如胶版纸，吸湿性与吸墨性却比胶版纸稍强，纸易伸缩变形。在外观上胶版纸与书刊纸较难分辨。书刊纸最显著的外观特点是纸张薄而软。

（4）新闻纸

新闻纸是专用于报纸印刷的轮转胶印用纸，单张纸印刷机较少使用，新闻纸不施胶、吸墨性好、弹性好、抗水性差、尺寸稳定性差、白度低、易变脆变黄。新闻纸的显著外观特点是纸白度较低。

（5）白板纸

白板纸也是单面涂料纸，根据背面颜色不同，可分为白底白板与灰底白板两种，白底白板背面是白色的，灰底白板背面是灰色的。白板纸一般只进行单面印刷，是各种包装盒的主要印刷用纸。白板纸正面白度、平滑度、光泽度较高，接近铜版纸，白板纸吸墨性比铜版纸好，纸张较厚，紧度低，可压缩性与弹性都比铜版纸好得多。白板纸最显著的外观特点是纸张厚且两面不同。

5. 纸张尺寸与规格

单张纸又称平板纸，其尺寸用纸张长和宽来表示，印刷中常用的大纸尺寸列于表1－1中。

表1－1　印刷中常用的大纸尺寸

未裁切尺寸（mm×mm）	代　号	用　途	备　注
787×1092	俗称正度	广泛，常见规格	旧国家标准规格
889×1194	俗称大度	广泛，常见规格	旧国家标准规格
880×1230	有时也称大度	常用于A5书刊内文印刷	A5书刊尺寸 147mm×210mm
850×1168	有时也称大度	常用于大32开书刊内文印刷	大32开书刊尺寸 140mm×203mm
890×1240	A0	A系列书刊用	新国家标准规格
900×1280	A0	A系列书刊用	新国家标准规格
1000×1400	B0	B系列书刊用	新国家标准规格

卷筒纸尺寸用纸卷宽度来表示，常用宽度有787mm、1092mm、880mm、1575mm等。

纸张开度是纸张尺寸的另一种表示方法。上表中的未裁切尺寸称为全开或全张，也称大纸尺寸，全开的一半称为对开，对开的一半称为四开，以此类推。全张纸切成相同尺寸小张的最大个数即开数，也称开度。因大纸尺寸有多种，故32开纸的尺寸也各不相同，开度只是纸张尺寸的一个大致描述，并不是精确描述，但开度精确反映了一张大纸能裁切出小张的个数。

6. 纸张的定量与厚度

纸张的重量有两种表示方法，比较常用的一种就是定量，又称为克重，就是指一平方米纸张的重量，定量的单位为克/平方米，常简称为克。常用纸张定量从28克至400克不等，不同纸张，其定量范围也不相同，白板纸就没有低于200克的；铜版纸定量范围很广，从70克至400克都有；书刊纸一般定量较低；胶版纸定量比书刊纸多很多，从40克到150克不等。一般定量越大，定量间隔就越大。纸张常用克重有28克、40克、52克、60克、70克、80克、90克、100克、120克、128克、150克、157克、200克、230克、250克、300克、350克、400克。

纸张重量的另一种表示方法就是令重，单位为千克/令，常用于换算与估价。单张纸令重与克重的换算关系如下：

$$令重(kg) = 克重 \times 纸张面积(m^2) \div 2$$

例：求一令128克大度双铜纸（889mm×1194mm）的重量是多少千克。

解：令重(kg) = 克重 × 纸张面积(m^2) ÷ 2

= 128 × (0.889 × 1.194) ÷ 2

= 128 × 1.061 ÷ 2

= 65kg

纸张厚度对印刷而言很重要，纸张厚度与纸张定量有一定关系，一般来讲，相同种类纸张比较，定量越大，纸张越厚；相同厚度纸张比较，铜版纸克重最大；相同克重纸张比较，也是铜版纸最薄。书刊纸与胶版纸厚度近似估算公式：

$$h(\text{mm}) = 0.0012 \times W$$

式中 h——纸厚；

W——纸张克重。

铜版纸厚度估算经验公式：

$$h(\text{mm}) = 0.001 \times W$$

式中 h——纸厚；

W——纸张克重。

二、胶印油墨

1. 胶印油墨的组成

胶印油墨是由颜料、连结料、填料与助剂混合分散而成的黏性流体物质。

（1）颜料是一种微细粉末状的有色固体物质。油墨的颜色主要取决于颜料。颜料颗粒直径大部分应在 20μm 以下。

（2）连结料是用来分散颜料的液态介质，属颜料的载体物质。连结料的特性对油墨性能起主要作用，对油墨的印刷性能起决定性作用。胶印油墨连结料主要有油型、树脂型两类。

（3）填充料是一种白色粉末状物质，可改善油墨颜料的分散性，使颜料更稳定分散于连结料中，增加油墨比重，但填料过多印刷时易产生堆墨故障。常用填料有滑石粉、TiO_2、$Al(OH)_3$等矿物质。

（4）助剂是改善油墨性能的辅助物质，可在制造时加入，也可在使用时调配加入。常用助剂如下：

① 干燥剂。加快油墨干燥速度，有红燥油与白燥油，红燥油用于表面推干，油墨表面结膜快；白燥油用于内部推干，使油墨内部真正氧化结膜干燥。最后色印刷时一般都使用红燥油。

② 调墨油。调节油墨黏度，有 0 至 6 号，数字越大黏度越小。

③ 撤黏剂。降低油墨黏度。

④ 防脏剂。降低油墨黏性，防止印刷品粘脏。

⑤ 冲淡剂。冲淡油墨色相用。有白墨及透明油墨等。

2. 胶印油墨的分类

（1）按用途分类。一般可分为单张纸胶印墨和卷筒纸胶印墨两大类。

单张纸胶印墨包括油型胶印墨、普通树脂墨、亮光树脂墨、快固树脂墨、UV 胶印墨等。卷筒纸胶印墨包括冷固型树脂墨、热固型树脂墨。

油型胶印墨又称胶版墨，是以干性植物油为连结料的油墨，油墨易乳化，干燥较慢。普通树脂墨是以树脂为连结料的油墨，油墨固着速度比胶版墨快，简称树脂墨。亮光树脂墨一般都是快干型的，印迹结膜性好，有光泽，但干燥速度不如快固树脂墨。快固树脂墨干燥极快，适合印刷实地及需要快固着的印刷品。UV 胶印墨属 UV 墨的一种，用于 UV 胶印。冷固型树脂墨又称为轮转胶印墨，一般不需要加热就能干燥。热固型树脂墨是指需要加热才能干燥的油墨。

（2）按品牌分类。国内油墨主要有以下几类：天津东洋油墨厂出品的天狮牌油墨，上海牡丹油墨有限公司出品的牡丹牌系列油墨，深圳深日油墨有限公司出品的 DIC 牌油墨，杭州杭华油墨有限公司出品的杭华牌油墨等。

（3）按颜色分类。主要有黑、橘黄、中黄、浅黄、深黄、洋红、桃红、玫瑰红、天蓝、深蓝、射光蓝、金红墨、大红墨、绿、白、金、银等颜色。大部分颜色都可通过四色墨调配得到。

3. 胶印油墨的性质

油墨的颜色是指油墨印刷后在纸张上形成墨膜的颜色，墨膜越厚，其颜色越深，故墨膜的颜色与油墨本身色是不同的。四色印刷所使用的油墨为三原色墨加黑墨，三原色墨存在一定的配伍关系，使用时不能随便选用，常用配伍关系为中黄、桃红（或洋红）、天蓝。不同厂家的油墨其配伍关系也不相同，使用时注意区分。

（1）油墨的着色力

是指墨膜的颜色强度，又称色强度或色浓度。着色力越强，印刷所需要的墨量就越少，油墨调配所需要的使用量也就越少。

（2）油墨的透明度

是指油墨在纸张上所形成的墨膜的透明程度，透明度与遮盖力正好相反，透明度高，遮盖力低。透明度越高，有利于其他油墨颜色的现色。油墨透明度对叠色印刷最终呈色效果有重要影响。

（3）油墨的流变性

是指油墨在印刷过程中的流动与变形的性能，主要使用黏度、黏性、触变性、屈服值等指标来表示。油墨的黏度是指油墨流动时的黏滞程度，它表明油墨流动的阻力大小，是表示油墨流变性能的重要指标。黏度越大，油墨流动越困难。油墨的黏性是指油墨抗分离的性能，用油墨分离所产生的阻力大小来表示，黏性越大，油墨越难分离。油墨的触变性是指油墨在外力搅拌作用下，油墨逐渐变稀变软，流动性变好，当停止外力后，油墨又逐渐变稠变硬，流动性变差的特性。胶印油墨都具有触变性。胶印油墨必须给一定的外力才能流动，这一最小的外力就是油墨的屈服值。

（4）油墨的干燥性

是指油墨转印到承印物表面形成墨膜后，由液态变成固态的过程，其变化过程所需时间，称为油墨的干燥时间。胶印油墨的干燥过程分为固着与固化两个阶段，对应渗透干燥与氧化结膜干燥两种方式。第一阶段即固着阶段，是指油墨转印来纸面的瞬间，在压力的作用下，油墨迅速渗透到纸内，随后油墨中的溶剂等快速渗透到纸内，使油墨中树脂快速凝结而固着。油墨固着在纸面上并没有完全干燥，但可有效防止油墨过底与粘脏故障。第二阶段即固化阶段，是指固着在纸面上的油墨与空气中的氧气发生化学反应，使墨层氧化聚合形成固态墨膜的完全干燥阶段。故胶印油墨通过渗透干燥与氧化结膜干燥两种干燥方式进行干燥。

综上所述，胶印油墨是比较黏稠的、以氧化结膜干燥为主的油墨。

三、印版

目前，平版印刷使用的印版主要有普通 PS 版和 CTP 版，下面分别进行介绍。

1. PS 版

PS 版，即预涂感光版，是将感光胶预先涂布到版基上所制成的印版。PS 版是目前使用最广泛的一种平版。

（1）PS 版的结构

PS 版由版基、感光层组成。印版最底层为版基，在版基表面是经阳极氧化后产生的致密多孔的 Al_2O_3 层（氧化层），氧化层具有较强的吸附性、耐磨性和耐抗性。在氧化层上面涂布了一层感光层。

（2）PS 版的特性

① 版基特性

版基为铝板，厚度一般在 0.2～0.5mm 之间，进口版一般为 0.24mm，国产版一般为 0.28mm，弹性、韧性好，表面已预涂有感光剂。因 PS 版的感光层与氧化层极薄，只有几个微米，故版基厚度就是印版的厚度。

② 感光层特性

感光层对蓝紫光及紫外光敏感，对白光敏感性差，故晒版可在明室操作。阳图型 PS 版晒版时见光部分反应生成碱溶性化合物，未见光部分不变（碱不溶），经碱显影后，未见光部分在碱的作用下形成图文膜层，见光部分被溶解洗去。最终形成阳图印版，实现从阳图到阳图的转移。

③ 图文膜特性

显影后的图文膜虽不再具有感光性，但在阳光直接照射下或长期曝于光中也会分解，使图文层易脱落，故晒后的印版不要用阳光直射且应保存在暗处。另外，显影后的图文膜经高温加热（烤版）会反应生成坚硬耐磨的薄膜物质，故烤版（230℃，5min）能提高印版耐印率，长版印刷能节省印版用量。图文膜被刮花、磨损，可用图文修补剂填补修复。图文膜亲油性强，亲水性弱（亲油疏水）。

④ 印版空白部分特性

显影后空白部分感光层被完全除去，露出版基。因版基表面氧化层有极强的吸附力，故空白部分极易吸附空气中的杂质、灰尘、油脂，从而降低与破坏印版空白部分的亲水性，出现印刷时起脏、上墨、糊版等故障。故在印版不使用时应对空白部分进行保护，主要保护剂有水、桃胶等水溶性胶体物质。一般短暂性停机可擦一层水保护印版，如果长时间不使用的印版应擦保护胶封版。当然保护胶对印版图文部分也起保护作用。

2. CTP 版

CTP 版是计算机直接制版机专用版材，印版结构与 PS 版相同。CTP 版与 PS 版的主要区别在于感光层的感光性能不同与成像方式不同。CTP 版感光层感光度比 PS 版高。

CTP 版都是动态扫描成像，PS 版都是静态曝光成像。根据成像光源的不同，CTP 版可分为光敏版、热敏版两大类。

（1）光敏版

光敏版是使用蓝紫激光进行扫描成像的印版，印版感光范围为可见光或蓝紫光，扫描激光波长一般在 800nm 以下。光敏版具有速度更快、精度更高、寿命长等特点。光敏版主要有光聚合型与银盐型两种。

（2）热敏版

热敏版是使用红外激光进行扫描成像的印版，印版感光范围为红外光，扫描激光波长一般在 800nm 以上。热敏版具有网点再现性好、耐印力高、可明室操作等优点。热敏版主要有热熔型与热交换型两种。

四、橡皮布

1. 橡皮布的组成与性能

印刷橡皮布主要由表面层、弹性胶层和布层所组成。表面层采用性能优良的合成橡胶制成，具有优良的吸墨性、耐油性、耐酸性、耐溶剂性及良好的回弹性。弹性胶层一般采用天然橡胶制成，主要为橡皮布提供弹性，并起粘接作用。布层是橡皮布的骨架基础，为橡皮布提供高强度特性。橡皮布由 3～4 层弹性胶层与布层交错排列而成。

橡皮布具有方向性。一般在橡皮布的背面都画有一条线，此线表示橡皮布的纵向，在此方向上橡皮布抗张强度较高，橡皮布不易拉伸变形，与此方向垂直的方向为橡皮布的横向，橡皮布横向较易拉长，抗张强度相对较低。因此在安装橡皮布时，要注意橡皮布的方向，橡皮布的纵向要与滚筒周向相一致。如果橡皮布上没有线条标注方向的话，可以通过手工拉伸橡皮布来判别橡皮布的方向，较易拉长的方向为横向，不易拉长的方向为纵向。

2. 橡皮布的分类与用途

橡皮布根据结构不同可分为普通橡皮布与气垫橡皮布。普通橡皮布在滚压部分两侧会产生挤压变形，出现“凸包”现象，造成图文或网点变形。气垫橡皮布比普通橡皮布多了一层气垫层，气垫层可被压缩，在滚压区两侧不会产生“凸包”现象，有利于网点转移。因此，气垫橡皮布属高级橡皮布，主要用于印刷高级网点类印刷品。如印刷实地印刷品就不必选用气垫橡皮布。

3. 橡皮布的规格

橡皮布有卷筒形与平板形，胶印橡皮布的厚度一般为 1.8～2.1mm。

五、润版液

1. 润版液的作用

润版液的主要作用：防止印版空白部分上墨，给印版降温，清洗印版，保持印版空白部分的亲水性。润版液呈弱酸性，pH 值一般在 4.5～6 之间。

2. 润版液分类与特点

目前润版液主要有三大类：普通润版液、酒精润版液、非离子表面活性剂润版液。

(1) 普通润版液

以电解质为主要成分，又称为电解质润版液。这类润版液不能降低水的表面张力，润版液使用量大，在版面上的液膜较厚，印刷时纸张吸水较多，不利于提高印刷质量，主要用于包有水绒套的润湿装置上。此类润版液主要由磷酸、磷酸二氢铵、硼酸铵组成。

(2) 酒精润版液

主要成分是乙醇或异丙醇，也就是在普通润版液中加酒精配制而成。酒精也就是表面活性剂，酒精能降低润版液的表面张力，提高润版液的铺展性，从而使版面空白部分水膜变厚，用水量减少，有利于提高印刷质量。同时，由于酒精的挥发较快，可降低油墨的乳化值，并有效降低印版的温度，对印刷工艺控制极为有利。此类润版液主要用于带有酒精润湿装置的胶印机。酒精润版液的主要缺点是酒精易挥发，酒精浓度不好控制，也不环保。

(3) 非离子表面活性剂润版液

是用非离子表面活性剂取代酒精配制而成。此类润版液除了具有酒精润版液的优点外，还具有不易挥发、低成本、使用安全等优点，已成为高速平版胶印机上使用的理想润版液，因表面活性剂是乳化剂，极易引起油墨的乳化，故在使用时要严格控制润版液的浓度。

六、其他辅助材料

印刷辅助材料主要有印版保护胶、油墨清洗剂、洁版剂、修版剂、橡皮布恢复剂、滑石粉、浮石粉等，下面分别进行介绍。

1. 印版保护胶

印版保护胶主要使用桃胶，又称为阿拉伯树胶，是一种水溶性有机物，溶于水后调制成黏稠状液体使用。把它涂到印版上，可以保护印版表面亲水亲墨特性。一般在印版长时间不使用的情况下都要擦胶保护，否则印版易起脏，甚至损坏报废。

2. 油墨清洗剂

油墨清洗剂主要有汽油、专用油墨清洗剂、白电油、天拿水等有机溶剂。专用油墨清洗剂主要由无毒有机溶剂、表面活性剂、水等组成，有溶剂型与水溶型等多种，一般具有高效、无毒、环保、安全的特点，挥发性较汽油低，清洁能力比汽油强，强力推荐使用。现有些企业使用白电油做油墨清洗剂，因毒性比汽油强，不建议采用。汽油因挥发性较强，使用损耗较大，且燃点低，易着火，存在安全隐患，建议减少使用。

3. 洁版剂

洁版剂具有较强的去污能力与清洁能力，主要用于清洁印版上的油污、脏点及解决因印版保护不良造成的起脏故障。因洁版剂价格较贵，清洗油墨一般不能使用洁版剂。

4. 修版剂

修版剂能强力去除印版上的图文部分，因此可用来修掉印版上多余的线条、脏点等。修版剂有修版液与修版膏两种形式，修版膏在使用时不易扩散，可用于修靠近图文部分的脏点与线条。

5. 橡皮布恢复剂

橡皮布恢复剂又称橡皮布还原剂，具有恢复橡皮布弹性的作用，同时也具有强力的清洗与清洁作用，提高橡皮布的吸墨性，当橡皮布被压低或者橡皮布光滑晶化可用橡皮布恢复剂擦洗。

6. 滑石粉

滑石粉为白色粉末状矿物质，可喷撒到胶辊、橡皮布上，可提高胶辊与橡皮布的表面爽滑性，有利于胶辊的安装与保存。

7. 浮石粉

浮石粉为灰色颗粒状矿物质，但颗粒比滑石粉粗，主要用于清洁滚筒表面污垢或用于粗化橡皮布与胶辊。但浮石粉不能用于擦拭印版。

8. 喷粉

喷粉是白色粉末状物质，颗粒较细，主要用于防止印刷品背面蹭脏及印刷品表面粘花。

认识印刷材料

一、实训目的

了解常用纸张、常用油墨、PS 版、橡皮布、润湿粉、封版胶、洁版膏、清洗剂、喷粉等印刷材料，熟悉这些材料的基本特性与作用。

二、实训用具

准备常用印刷材料及印刷辅助材料。纸张至少 5 种：铜版纸、胶版纸、新闻纸、书刊纸、白板纸，品牌不限。油墨至少 4 种：黄、品红、青、黑各 1 种，品牌不限。

三、实训内容

认识纸张。
认识油墨。
认识印版。
认识橡皮布。
认识其他印刷辅助材料。

四、实训过程与要求

（1）感知 5 种常用纸张的外观特性，对比 5 种纸张的颜色、白度、平滑度、光泽度、强度、厚度等差异，介绍各种纸张的主要特点与用途。用放大镜观看纸张表面的平整度，用直尺测量各规格纸张的尺寸，用千分尺测量常用纸张的厚度。观看纸张包装标签辨别纸张类型。把测量结果记录在实训报告中。

（2）取4种常用油墨进行识别，观看油墨标签，了解油墨类型，取出少量油墨观看油墨色相、外观、形态、黏度等特性。介绍油墨取用与保存方法。用纸张打出油墨的单色墨膜样，辨别油墨颜色与墨膜颜色的差异。掌握手工打墨膜色样的方法。

（3）取已印过的旧PS版一块，了解印版的外观特性，感知弹性、表面平滑度、图文膜与空白处的特性，用千分尺测量印版的厚度，介绍印版保存与取用方法。把测量结果记录在实训报告中。

（4）取橡皮布一块，感知橡皮布的方向性、弹性与表面特性，用千分尺测量橡皮布的厚度，介绍橡皮布的使用与保存方法。把测量结果记录在实训报告中。

（5）认识润湿粉、洁版膏、清洗剂、封版胶等，了解它们的外观特性，并介绍各自的作用与使用要求。

五、实训考核

考核方法：本实训可考核平版印刷安全操作规程，要求学生默写《胶印机安全操作规程》，为实训教学做好安全准备。本规程共20条，各学校可根据自身教学情况缩减不必要的条款。

评分标准：每条5分，共100分，折合计为5分。

六、实训报告

要求学生写出《认识印刷材料实训报告》。

1. 纸张由哪些物质组成，其主要成分是什么？
2. 填料在纸张中起什么作用？
3. 常用的印刷用纸有哪几种？
4. 纸张按质量等级一般可分为哪几级？
5. 什么是纸张的克重，其单位是什么？
6. 2令157g/m² 的正度双铜纸有多重？
7. 胶印油墨由哪些成分组成，主要成分是什么？
8. 单张纸胶印墨有哪几类？
9. 国内油墨的主要品牌有哪些？
10. 胶印油墨的干燥过程是怎样的？
11. 油墨的流变性包括哪些指标？
12. 三原色油墨常见配伍关系是什么？
13. 简述阳图型PS版的晒版原理。

14. 简述光敏 CTP 版与热敏 CTP 版的主要区别。
15. 如何判别橡皮布的方向？
16. 橡皮布分哪两种，各有什么特点？
17. 润版液分哪几类，各有什么特点？
18. 印版保护胶有什么作用？
19. 油墨清洗剂有哪几类，各有什么特点？
20. 洁版剂有什么作用？
21. 修版剂有什么作用，可分为哪两种？
22. 橡皮布恢复剂有什么作用？
23. 滑石粉、浮石粉、喷粉三者在用途上有什么区别？

任务四

了解平版印刷机

实训指导

一、胶印机的分类与组成

1. 胶印机的分类

胶印机按不同的标准分类如下：

（1）按纸张类别分类。可分为单张纸胶印机和卷筒纸胶印机。卷筒纸胶印机又称为轮转机，按用途不同又分为报纸印刷用轮转机和商业印刷用轮转机。

（2）按印刷纸张幅面大小分类。可分为全张胶印机，对开胶印机，四开胶印机，六开胶印机，八开小胶印机等。

（3）按印刷色数分类。可分为单色胶印机，双色胶印机，四色、五色、六色、七色、八色、……、十二色等多色胶印机。

（4）按印刷速度分类。低速胶印机，速度在6000转/时以内；中速胶印机，速度在6000～10000转/时；高速胶印机，速度在10000转/时以上。现代单张纸多色胶印机印刷速度一般都在10000转/时以上，最高可达20000转/时，卷筒纸胶印机时速最高可达100000转（单倍径滚筒），纸带速度最高可达1000m/min。

（5）按印刷面数分类。可分为单面胶印机，双面胶印机，单双面可变式胶印机。卷筒纸胶印机一般都是双面印刷机。

（6）按用途分类。可分为印铁胶印机，普通胶印机，商业轮转胶印机，出版轮转胶印机等。

2. 胶印机的组成

胶印机一般都由输纸、印刷、收纸三部分组成。

单张纸胶印机一般都由传动、输纸、规矩、递纸、滚筒、输水、输墨、收纸、气路、电气十大部分组成。各种单张纸胶印机间的主要区别就在于印刷部分不同，也就是色数多少的区别。一堆单张纸，由自动给纸机一张一张把纸张分开，向前递送，由输纸装置将纸张输送到前规，经过前规、侧规定位，再由递纸牙将纸张传给压印滚筒，压印滚筒叼着纸，经过橡皮布滚筒和压印滚筒之间的挤压完成印刷。印刷后的纸由压印滚筒再交给收纸滚筒，经链条传送，再经过收纸机构收齐纸张，即完成印刷工作。从以上的印刷过程可以看出，各型单张纸胶印机的几大组成部分都是相同的，只是单色机只有一个印刷色组，双色机有两个印刷色组，四色机有四个印刷色组，而其余工作过程全部相同。图 1 –5 为海德堡单张纸胶印机。

卷筒纸胶印机一般由输纸、印刷、输水输墨、收纸、控制与传动等几部分组成。图 1 –6 为曼罗兰卷筒纸胶印机。

图 1 –5 海德堡单张纸胶印机

图 1 –6 曼罗兰卷筒纸胶印机

二、胶印机各部分名称及其功能

1. 输纸部分

输纸部分的作用是把纸堆中的纸张一张一张分离并送出，并准确地传送到前规处进行定位。输纸部分所包括的常用部件如下：

（1）分纸头。又称分离头，实现纸张分离与送出功能，由分纸机构与送纸机构组成。

（2）送纸辊与送纸轮。又称接纸辊与接纸轮，接过分离头送来的纸并往前继续送给输纸板机构。

（3）挡纸牙。又称前挡纸板，防止纸堆中的纸张向前移动。

（4）输纸板。输纸带与压纸轮的支撑。

（5）线带辊。驱动输纸带，有些机器把线带辊与接纸辊合并成一根。

（6）输纸板上压纸轮。全称为输纸压轮，压住纸张进行输送。

（7）毛刷轮。助推纸张定位，可防止纸张反弹，但又不防碍侧规拉纸。

（8）前规处压纸片。把纸张导入前规中，一般在下摆式前规的机器中使用。

（9）输纸缓冲机构。减缓纸张进入前规的速度。当纸张快接近前规时，降低输纸速度，防止纸张与前规高速撞击，有利于纸张定位。

（10）双张控制器。检测输纸是否有双张。

2. 规矩部分

规矩部分的作用是对输纸部分送来的纸张进行准确定位，确保张与张之间套印准确。纠偏距离一般少于 8mm。

（1）前规。对纸张进行周向定位，能对输纸快慢少量误差进行纠正，确保上下方向套印准确。

（2）侧规。对纸张进行轴向定位，能对纸张来去方向装纸误差进行少量纠正，确保来去方向套印准确。

（3）前规电眼。检测纸张是否走到位、走过头，还可检测纸张是否歪斜。

（4）侧规电眼。检测纸张是否拉到位。

3. 递纸机构

递纸机构的作用是把前规处定位好的纸张递送给压印滚筒进行印刷。

（1）递纸牙排。在前规处叼住定位好的纸张并递送给压印滚筒叼纸牙。

（2）递纸滚筒。把纸递送给压印滚筒，实现纸张转向目的。只在下摆式递纸机构中采用。

4. 滚筒部分

滚筒部分的作用是把印版上的图文转移到承印物上。

（1）印版滚筒。安装印版。

（2）橡皮布滚筒。安装橡皮布。

（3）压印滚筒。提供印刷压力，实现施压印刷。

（4）传纸滚筒。用于传送纸张。

（5）滚枕。又称肩铁，用于测量与滚压。

5. 输墨部分

输墨部分的作用是实现匀墨、传墨与墨量控制，把油墨均匀地涂布到印版上。

（1）墨斗。装油墨用。

（2）墨斗辊。用于控制墨量。

（3）墨斗键。用于控制局部墨量大小。有些机器改为按键，只能在控制台上操作。

（4）墨量调节柄。用于控制整体墨量大小。有些机器改为按键，在控制台上操作。

（5）传墨辊。控制墨开与墨停的机构。摆动才传墨，不摆动不传墨。传墨可实现自动控制，合压传墨，离压停止传墨。

（6）胶辊。传墨与匀墨。

（7）串墨辊。可来回串动，可轴向打匀油墨。

（8）重辊。增加墨辊间压力，压紧墨辊。

（9）着墨辊。又称为靠版墨辊，可向印版涂布油墨。

（10）着墨辊靠版手柄。控制着墨辊与印版的靠与离。有些机器改为按键控制，并可以实现自动控制，合压靠版，离压离版。

6. 输水部分

输水部分的作用是实现匀水、传水与水量控制，把水均匀地涂布到印版上。

（1）水斗。装水容器。

（2）水斗辊。用于控制水量大小。

（3）计量辊。用于控制水量大小。

（4）传水辊。输水控制。有摆动传水与连续传水形式。摆动式，摆动才传水，连续式，合上才传水。传水也可实现自动控制，合压传水，离压停止传水。

（5）串水辊。匀水作用。

（6）着水辊。又称靠版水辊，给印版上水。

（7）着水辊靠版手柄。控制着水辊与印版的靠与离。有些机器改为按键控制，也可实现自动控制，合压靠版，离压离版，并先于着墨辊靠版，后于着墨辊离版。

7. 收纸部分

收纸部分的作用是把印完的纸张接过来送到收纸台上堆放整齐。

（1）收纸滚筒。托起印张，并安装防蹭脏装置，其实就是防蹭脏滚筒。

（2）收纸牙排。叼纸作用。

（3）防蹭脏装置。防止蹭脏图文部分，方式有多种。

（4）齐纸板。可左右理齐纸张。

（5）吸引车。又称吸气辊，可拖住纸张，对纸张起减速作用，有利于收纸。

（6）喷粉装置。可喷粉，防止纸张粘脏。

（7）干燥装置。干燥纸张上的油墨，有红外线干燥器与 UV 干燥器。属可选部件。

（8）纸张平纸器。可拉平纸张，防止纸张弯曲。属可选件。

8. 传动系统

传动系统提供印刷机各部件的动力。

（1）主机马达。只有一个，提供主机动力。

（2）输纸台升降马达。提供纸台升降动力。

（3）收纸台升降马达。提供纸台升降动力。

（4）输纸离合器。控制飞达开与停（输纸开与输纸停）。

9. 气路系统

气路系统提供输纸与收纸等的吸气与吹气。气路系统包括气泵，用于提供气源。

10. 电气部分

电气部分提供印刷机整机控制，包括强电控制与弱电控制。

（1）电气控制柜。安装有印刷机控制电路。

（2）主控制台。又称主控制面板，集中了控制印刷机的绝大部分操作按键。

（3）飞达控制面板。集中飞达操作与印刷机整机操作的按键。

（4）机组控制面板。集中色组常用操作按键。

（5）收纸控制面板。集中了收纸操作与印刷机整机操作按键。

了解平版印刷机

一、实训目的

了解印刷机输纸部分、规矩部分、递纸部分、输墨部分、输水部分、滚筒部分、收纸部分、气路系统、电气控制部分、传动部分十大部分，熟悉这些部分的作用、外观与名称。

二、实训用具

PZ1650 胶印机（本教程以此机为例进行教学，其他机型均可，但应具有先进性）。

三、实训内容

认识输纸部分。
认识印刷部分。
认识收纸部分。
认识其他部分。

四、实训过程与要求

首先对照印刷机介绍印刷机十大组成部分，然后指出以下部件的名称、作用及所在位置：分纸头、送纸轮、线带辊、输纸板、线带、压纸轮、毛刷轮、双张控制器、侧规、前规、递纸牙、压印滚筒、橡皮布滚筒、印版滚筒、滚枕、版夹、墨辊、着墨辊、墨斗、水辊、着水辊、水斗、收纸滚筒、吸气辊、喷粉器、齐纸板、收纸台、输纸台、收纸链条及牙排、气泵与送气管、电气箱、主电机、主传动带、传动齿轮、输纸电机与传动链条、收纸电机与传动链条。

介绍下列操作手柄的功能与使用方法：输纸手轮、水辊靠版柄、墨辊靠版柄、墨量控制旋钮、水量控制旋钮、墨开控制柄、水开控制柄、墨斗键、收纸吸气轮调节旋钮。

以上部件的名称及作用要求学生记录在实训报告上。

让学生真正理解以上各部件的作用，必要时可演示其功能。

五、实训考核

考核方法：教师随机指一个部件，要求学生说出名称及作用。
评分标准：共指 5 个，每个 1 分，共 5 分，折合为 2. 5 分。

六、实训报告

要求学生写出《了解印刷机实训报告》。

1. 单张纸胶印机一般由哪十部分组成？
2. 输纸部分的作用是什么？
3. 指出下列部件的作用：分离头，毛刷轮，压纸轮。
4. 规矩的作用是什么？
5. 前规电眼有哪些作用？
6. 递纸机构的作用是什么？
7. 传墨辊的作用是什么？
8. 吸引车的作用是什么？

任务五

印刷基本生产流程

实训指导

印刷企业产品生产基本流程如图 1－7 所示。

接单	→	印前设计制作	→	输出与打样	→	印刷工艺设计	→	开单	→	拼晒版	→	印刷	→	印后加工
业务部		印前制作部		印前制作部		生产部		生产部		版房		机房		后工序

图 1－7　印刷企业产品生产基本流程

接单指对外承接印刷业务订单，接单后要求客户签委印单，然后进行设计制作并打样及输出，如果客户已出胶片并打样，可直接进行印刷工艺设计并开单，如果客户只有胶片，没有打样稿，一般要求客户打样并签字付印，如果原稿上有专色，应要求客户提供标准色样并通知客户印刷之前来看样。这样可以提高印刷质量，减少与客户间的矛盾与分歧。印刷与印后加工属批量生产性质，一般都有专门质检人员进行质量监控与检查，以确保整批产品质量，其他工序属单品生产，一般都没有质检员检查，只能靠生产者自己检查质量。印刷生产流程又可分为印前、印刷、印后三大工序，一般把“印刷”之前的工序都称为印前。

一、印前流程

图 1－8 所示为平版印刷印前基本工艺流程，生产结果为印版，分为 CTF 工艺流程和 CTP 工艺流程。图文设计制作的版面大小可能不适合上机印刷，故输出前或晒版前要拼成适合上机印刷的尺寸。电子拼大版可以采用专业拼版软件（Preps），也可采用专业排版软件（CorelDRAW）完成。输出之前一般都要打样，打样方法根据产品情况选择，文字类印刷品采用激光打印机打样，一般彩色印刷品采用彩色打印机打样，高质量打样可采用机械打样或数码打样，这种打样的样张常作为印刷的原稿使用，机械打样常用于 CTF 工艺，在输出胶片之后由打样中心进行打样，数码打样常用于 CTP 工艺，在输出印版之前进行打样。如果输出胶片，也可在输出胶片后手工拼版，但手工拼版精度与质量

不如电子拼版好，电子拼版后输出需要大幅面照排机支持。书刊文字类输出一般采用手工拼版工艺能节省成本，但生产效率较低。彩色印刷品采用电子拼版可获得较高的套印质量。CTP 工艺必须采用电子拼版。

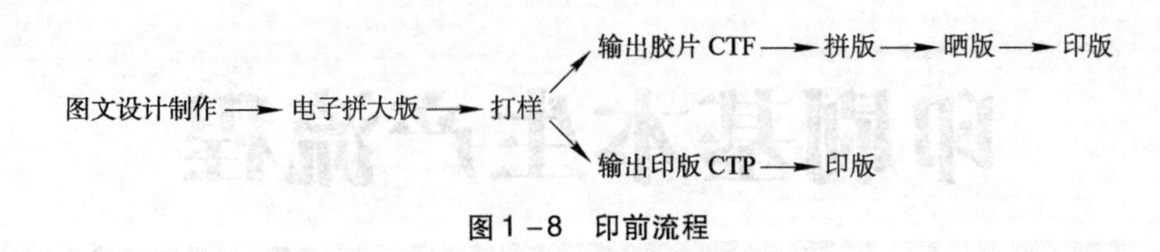

图 1-8　印前流程

在实际生产中，很多客户都自己做好了图文设计制作的工作，有的还出了胶片并打了样，也就是说大部分印前工作客户自己已做好，因此，印刷厂只要直接拼晒版（或者直接输出印版）就可上机印刷了，但有时为了自行印刷的需要，可能还要自行复片（拷贝胶片）。为了保证印刷质量，防止整批产品报废，有时印刷厂还要自制手工样、晒蓝纸样进行比对。由于图文设计制作上的缺限与错误导致整批产品报废的现象常有发生，故印刷厂能及时发现错误是至关重要的（即使问题是客户自己造成的）。

有些客户只提供彩色电子原稿要求印刷，这时就必须对原稿进行预检，找出不适合印刷的问题，比如图像分辨率是否足够，图文叠印是否合适，是否制作陷印，出血位是否留够，文字大小是否合适等。对不适合印刷的原稿或者不利于印刷的设计，可要求客户重做或者告知客户后修正。对没有提供打样稿的电子原稿，若客户要求付印，印刷厂一般应要求客户打样并签字才能付印，以免承担不必要的风险。

二、印刷流程

图 1-9 所示为平版印刷基本流程，详细流程在模块三印刷操作中介绍，生产结果为单张式印刷品。

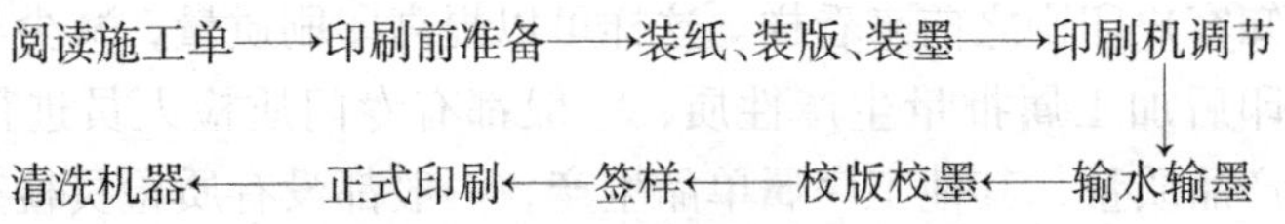

阅读施工单⟶印刷前准备⟶装纸、装版、装墨⟶印刷机调节
↓
清洗机器⟵正式印刷⟵签样⟵校版校墨⟵输水输墨

图 1-9　印刷流程

施工单又称为生产工单，是印刷的依据，产品印刷的工艺技术要求与生产工艺都在施工单上有所体现。印刷前准备包括纸张、油墨、润版液、印版、原稿、色样、各种辅助材料、印刷机、操作工具的准备。具体来说就是纸张是否裁切好，纸张印刷适性是否需要调节，纸张是否适合印刷，所需油墨是否足够，是否需要调配专色墨，水槽中润版液是否准备好，印版是否晒好，印版质量是否存在缺陷，是否有印刷原稿，是否有印刷色样稿，油墨助剂够不够，洁版膏、封版胶、清洗剂、抹布、海绵等辅助材料是否齐备，印刷机是否可以操作、是否有故障，印刷操作工具是否齐备。装纸、装版、装墨指把纸张装到机器上、把印版装到滚筒上、把油墨装到墨斗中。印刷机调节主要是指改规操作，如果不改规，就不用调节。输水输墨主要指油墨与润版液的预调与预给，预给包括预上墨与预润湿，是使墨路中涂布均匀的油墨，使水路润湿，并在印刷前达到水墨平

衡状态。预调是预先调节好印刷时的墨量及水量数据，也就是墨量与水量的预先调节，预调的方法有估计法与测量法。估计法是根据印版吃墨量凭经验估计印版所需水量墨量大小，通过手工调节水量墨量值。测量法是通过仪器测量印版的图文分布来确定水量墨量大小数据，然后把测量数据输入印刷机实现自动调节。校版指校正印版规格并套准。校墨也就是校墨色或称为校色，是指调节好墨量，控制印刷品的墨色。签样是正式印刷之前的必经程序，是印刷质量的重要保障，也是确定印刷标准样张的过程。正式印刷就以签样为标准进行跟样印刷。签样一般先由机长自签，然后由主管领导签字才能印刷，有时还要客户签字才能正式印刷。清洗印刷机是印刷结束之后的收尾保养工作，主要包括印版保护、滚筒清洗、墨辊清洗等内容。

三、印后加工流程

印后加工主要包括三大部分，即纸张表面加工、书刊装订、纸盒加工。纸张表面加工又称表面整饰，是指在纸张表面所进行的各种各样的加工，以改善纸张表面的性能，达到预定的目标，主要包括烫金、覆膜、上光、压凹凸、UV 丝印等。书刊装订是指把单张装成册的工艺，主要有平装、精装、骑马订三种，主要工序为折页、配页、订书、上封面与裁切。纸盒加工指各种包装盒的制作，主要工序为啤、裱、粘。

产品经印刷工序完成后进入印后工序，印后生产流程如图 1－10 所示。

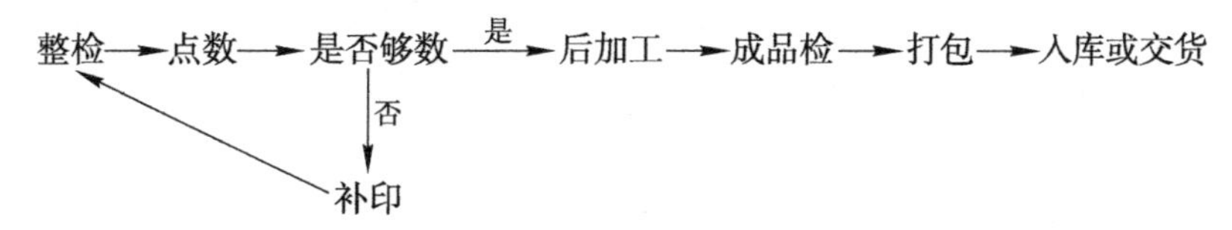

图 1－10　印后加工流程

印后工序的生产结果为可交货的产品。整检是对印刷后的整张半成品进行全面检查，选出废品，分出正品与次品，不让废品流入下工序，一般由质检员完成。点数是对已检好的正品进行点数，次品留作备用。如果正品数量不够要上报主管领导，最后由生产管理人员安排补印。后加工完成后也要进行成品检查，以确保成品全部合格，如果交货数量不足也要补数，必要时可以从次品中选一些补足。因此，在产品未交货前，次品不能随便丢弃。有些产品有时要经过多道后加工才能完成，且每道工序都会产生废次品，故每道后加工都要进行质量检查，以防废品流入下工序。但根据产品特点，也可只安排一次成品检验来取代所有后道工序的质量检查，也就是通过一次检查来检出所有的后加工所产生的废次品。

1. 简述印刷产品生产基本流程。
2. 简述印前制版工艺流程。
3. 简述平版印刷基本流程。
4. 简述印后生产流程。

5. 后工序发现数量不足该如何处理？
6. 印刷前准备包括哪些内容？
7. CTP 工艺与 CTF 工艺有什么区别？
8. 印刷前为什么要签样，签样的程序是怎样的？
9. 什么是整检，一般由谁负责实施？
10. 废次品如何处理？
11. 客户来稿印刷没有样张怎么办？

任务六

平版印刷必备相关知识

一、相关术语及含义

（1）裁切尺寸。指内裁切线之间的距离，一般指的就是成品尺寸。

（2）最大印刷尺寸。一般指印刷机能印刷的最大图文区域尺寸。

（3）印刷纸张尺寸。一般指上机印刷的纸张尺寸。

（4）出血位。为保证产品裁切后不漏白边，产品设计尺寸要大于成品尺寸，这个超出的尺寸即出血位。出血位一般设为3mm即可。

（5）叼口白边。单张纸胶印机因叼纸牙叼纸的需要，叼口边总会有一定距离的纸张印不到图文，这部分白边称为叼口白边。叼口白边最小值一般为6~10mm，因机器不同而异。叼口白边大小可通过满版印刷来检测。通过调节前规前后位置及移动滚筒间相对位置都可以改变叼口白边值，但叼口白边最小值是由前规前后位置决定的。

（6）印版叼口尺寸。一般指印版边至胶片晒版角线的距离。对于没有晒版角线的胶片，也可以用叼口边裁切线作为参考依据确定晒版叼口尺寸。叼口尺寸因机器不同而异，一般都在5~8cm之间。同一胶印机每次晒版必须使用同一叼口尺寸。

（7）毛边尺寸。指未裁切的纸张、书刊等产品尺寸。

（8）光边尺寸。指已裁切的纸张、书刊等产品尺寸。

（9）反刀位。反刀位即打反刀必须留足的最小裁切距离，反刀位等于出血位，也就是裁切线与裁切线之间的最小距离。

（10）粘口位。主要指纸盒粘接重叠的位置。

（11）啤刀位。指啤刀与啤刀之间的最小距离，一般不小于3mm。

二、印刷打翻相关知识

（1）自反版。又称自翻版，正反面内容左右对称拼排在同一版面上的版式（也可以指印版）。

（2）正反版。正反面内容左右对称分别拼排在两张版面上的版式。

（3）滚翻版。正反面内容上下对称拼排在同一版面上的版式。

（4）自反印刷。又称自翻印刷，是指使用自反版，纸张打翻不换版且叼口边不变的印刷方式。

（5）正反印刷。是指使用正反两块印版分别印刷正反面，打翻时叼口边不变的印刷方式。

（6）反叼口印刷。又称滚翻印刷，是指使用滚翻版，纸张打翻不换版但要调换叼口边的印刷方式。

纸张打翻印刷必须换侧规，从而保证侧规边的一致性，但滚翻印刷不用换侧规。

三、印后加工知识

1. 折页方法及应用

折页是指将单张印刷品按照页码的顺序折叠成书帖的工作过程。在开始进行出版物工艺设计时，首先要确定出版物的折页方式。在设计折页方式时，应考虑出版物的开本尺寸、页数、印刷装订设备等。目前折页的方式可分为平行折（双对折、包心折、扇形折）、垂直交叉折、混合折等，如图 1－11 所示。平行折多用于折叠长条形印刷品的设计，如广告、说明书、地图、书帖中的表和插图等。垂直交叉折页法是应用最为普遍的折页方法，主要用于书刊内页的折页。而混合折页法又称综合折页法，即在同一书帖中，既有平行折页，又有垂直折页。混合折页法适用于 3 折 6 页或 3 折 9 页等形式的书帖。凡是须折页的产品在正式印刷前必须折页检查页码顺序是否正确。

2. 配页方法

配页方法有两种，一种是叠配法，另一种是套配法。套配法只能用于骑马订。叠配法与套配法如图 1－12 所示。

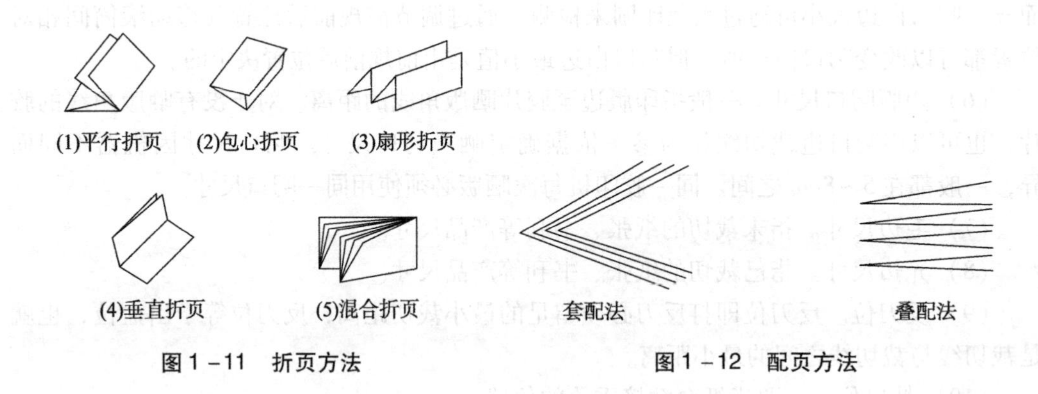

图 1－11　折页方法

图 1－12　配页方法

四、拼版方法及应用

拼版是指将小页面按一定的方式与顺序拼排成大版面的过程。拼版方式与装订方式紧密联系，主要的拼版方式如下。

（1）自反拼版法。原稿正反面内容分别拼在版面的左右两边，左右对称分布，头对头排列，可以横排，也可竖排，如图 1－13（a）所示。

（2）正反拼版法。原稿正面拼成一块版，反面拼成另一块版，正反面内容在两块印版上左右对称分布，头对头排列，如果是书刊的话，正反面拼版位置可折样确定，可以横排，也可竖排，如图1－13（b）所示。

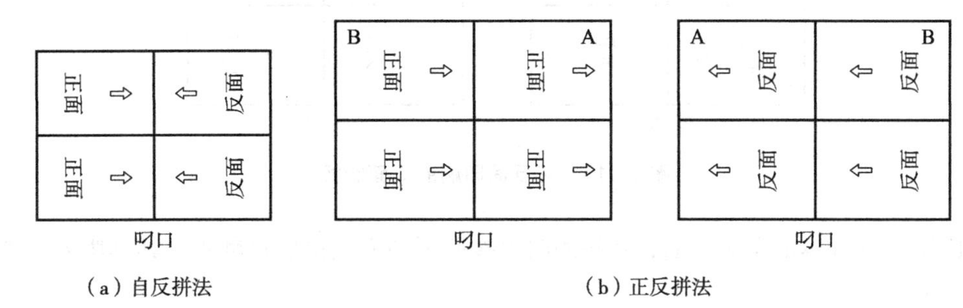

（a）自反拼法　　（b）正反拼法

图1－13　自反拼版法与正反拼版法

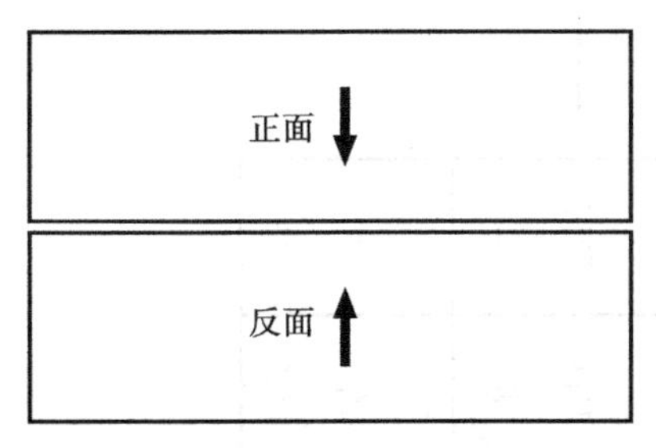

图1－14　滚翻拼版法

（3）滚翻拼版法。原稿正反面内容分别拼在版面的上下两端，上下对称分布，头对头排列，可以横排，也可竖排。如图1－14所示。

拼版方式选择得当，不但能使拼版装订顺利，还能节约费用，提高产品的质量。拼版的关键是确定拼版尺寸，确定拼版尺寸要综合考虑纸张利用率、印刷机尺寸、印刷质量、装订方式等因素。拼版设计人员对本企业的生产能力与实际情况要有充分的了解。

根据产品的不同，拼版一般可分为书刊拼版与自由式拼版两种。

书刊拼版作业时，必须首先了解所需拼版书刊的开本、页码数目、装订方式（骑马订、铁丝平订、锁线装或胶订）、印刷色数（单色、双色或四色）、使用纸张的厚薄和折页形式（手工折页或机器折页）等工艺要素，才能确定其拼版的方法。书刊拼版一般要先画拼版台纸，在电脑拼版软件中拼版台纸称为模版。拼版台纸与模版可反复使用。拼版台纸中每个小页面的页码顺序与页面方向都可通过折帖法确定。先把一张白纸按设计的折页方法折好，然后在折好的书帖每页上按顺序写上页码，最后展开折帖即可确定各小页面的页码顺序与方向。折帖法是确定拼版对象位置与方向的通用方法。其他比如色标、梯标等都可通过此法确定其在版面上的准确拼版位置。

自由式拼版先确定好印刷尺寸与纸张尺寸，然后把各拼版对象拼到可印刷区域中，但摆放时要考虑套印精度与墨量分布情况，一般套印精度要求高的图片放在叼口边，图片摆放尽可能对称排列，使油墨分布均匀些。这样有利于印刷时的墨色调节与控制。

多色套印产品的拼版先把第一色拼好，其他色根据第一色确定其拼版位置与方向。以下是拼版实例。

【例1】一张幅面为16开的双面原稿，可拼成如图1－15所示正反印刷的正反四开版，为了节省印版也可拼成如图1－16所示的单面自反版，在印刷时采用不需调换叼口边的单面自翻印刷（自反印刷）。

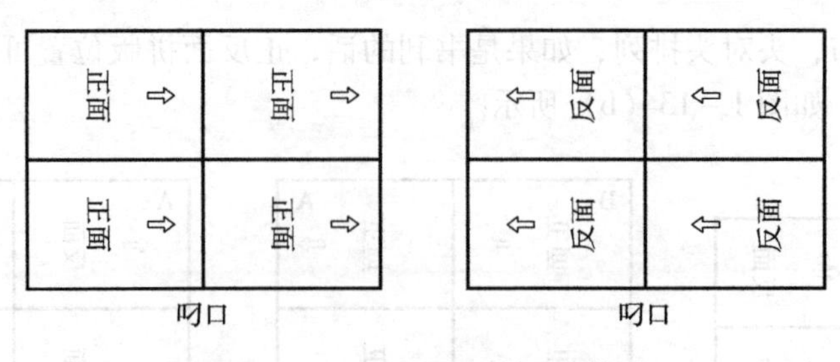

图 1 – 15　正反面印刷的双面版式

比如，16 开本的杂志封面，在拼版时可按照下列方式拼成自翻版，其排版方式如图 1 – 17 所示。

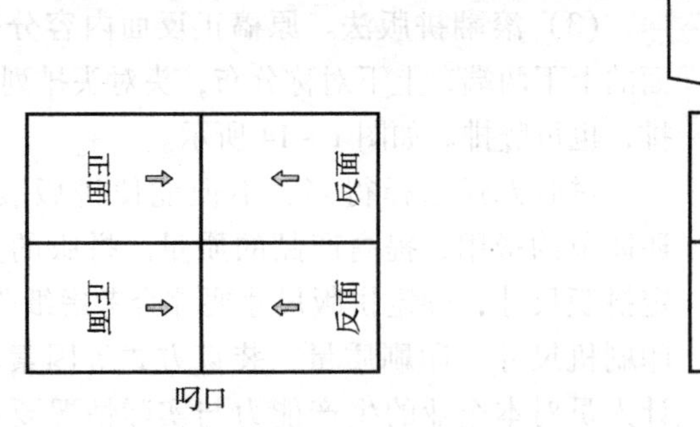

图 1 – 16　自翻印刷的单面版式

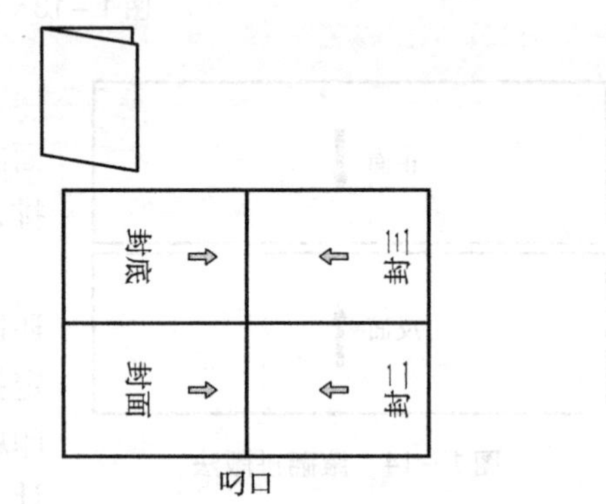

图 1 – 17　自翻版及其拼版方式示意图

【例 2】如图 1 – 18 所示的尺寸为 100mm × 185mm 的 4 折的扇形折叠小册子，在使用 787mm × 1092mm 纸张，采用四开幅面进行印刷时，其拼版方式则采用如图 1 – 19 所示的滚翻拼版。该种方式在印刷打翻时，因需要调换叼口，故在印刷高精度的印刷品时，对印刷设备和纸张有较高要求。

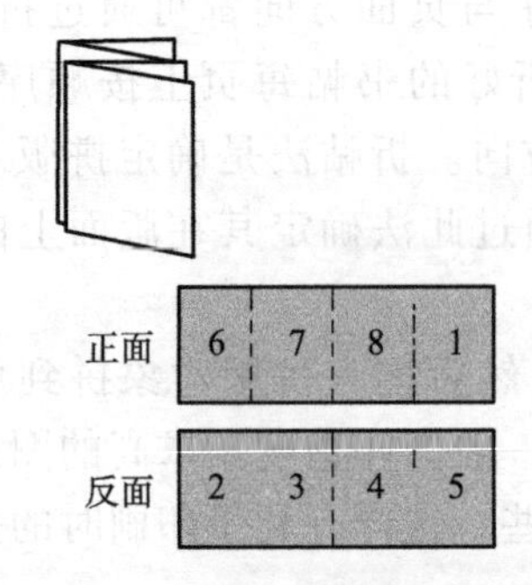

图 1 – 18　扇形折与拼版方式示意图

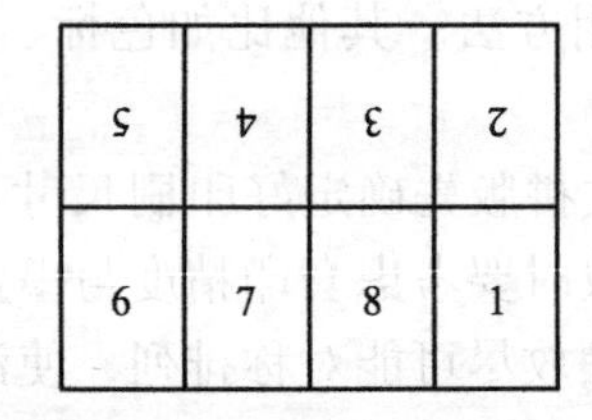

图 1 – 19　拼版方式示意图

【例 3】一本书刊有 64 个页码，每一帖为 16 个页码（64P 每帖 16P），采用骑马订，则其拼版方法如图 1 – 20 所示。

【例 4】上例 64 个页码的书刊，每一帖为 16 个页码（64P 每帖 16P），采用胶装，则其拼版方法如图 1 – 21 所示。

第一帖正					第一帖反			
1	64	61	4		3	62	63	2
8	57	60	5		6	59	58	7

第二帖正					第二帖反			
9	56	53	12		11	54	55	10
16	49	52	13		14	51	50	15

第三帖正					第三帖反			
17	48	45	20		19	46	47	18
24	41	44	21		22	43	42	23

第四帖正					第四帖反			
25	40	37	28		27	38	39	26
32	33	36	29		30	35	34	31

图 1－20　套配法拼版示例

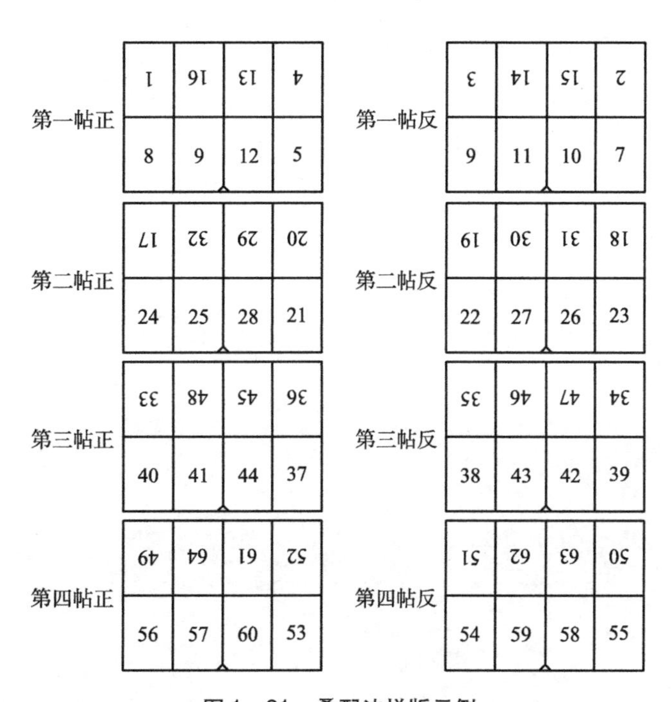

图 1－21　叠配法拼版示例

1. 什么是出血位，一般为多少毫米？

2. 什么是叨口白边，其大小跟哪些因素有关?

3. 什么是印版叨口尺寸，其大小跟哪些因素有关?

4. 在什么情况下必须留反刀位?

5. 为什么自反印刷必须换侧规?

6. 自反印刷与正反印刷有什么不同?

7. 折页方法与拼版有什么联系?

8. 什么是自反拼版法，正反面图文分布必须遵守什么规律?

9. 确定书刊拼版方法要考虑哪些因素?

10. 确定拼版尺寸要考虑哪些因素?

11. 自由式拼版要注意哪些问题?

12. 一本书刊有64个页码，每一帖为16个页码，采用胶装方式，请画出第2帖拼版示意图（注明页码顺序与页面方向）。

模块二

平版印刷基本操作

平版印刷基本操作是指产品印刷过程中经常使用的操作项目，但操作训练时印刷机不上墨、不真正印刷产品。本模块主要培养学生印刷基本功与印刷基本操作的能力，为独立印刷产品奠定基础。以下实训项目可能使用印刷机，但都不印刷产品。本模块是核心部分，属平版印刷公共基础部分，进行单项实训。

内容提要

任务七

齐纸、装纸、敲纸、数纸、搬纸

实训指导

一、齐纸与敲纸的目的及要求

齐纸是印刷操作人员的基本功，无论是白料还是半成品都存在需要齐纸的情况，凡是纸张不整齐时都需要进行整齐摆放，这就必须要求印刷操作人员会齐纸、懂齐纸，能快速齐好纸张，提高工作效率。也只有纸张整齐了，才能进行装纸、敲纸、数纸、搬纸等操作。在纸张操作中，齐纸操作是经常发生的。那么如何齐纸呢？这要根据具体情况而定，对于很乱的纸张，张与张都横七竖八的，这时先要把纸张纵横向大致理清楚了才能撞纸，对于不是很乱的纸张，可以直接松纸撞纸。齐纸要注意把纸分类整理，不同厚度、不同种类、不同尺寸的纸张要分类分开，过版纸整到一起，白料整到一起，好的整到一起，烂纸一般要丢掉，折角或折叠的纸张要打开，然后分别撞纸堆放整齐。齐纸时一定要保护好纸边，以防纸边撞弯变形。齐纸的关键是松纸，只有把每一张纸松透，也就是让每一张纸与纸之间有空气进入，才能撞好纸。齐纸一般分为松纸、搓纸、撞纸三大步骤，具体操作要领在实训中掌握。

敲纸主要是为了提高纸张的挺度，改善纸张的印刷适性，提高输纸的精度，减少输纸故障，提高纸张定位精度而采取的应对措施。需要敲纸的常见情况是纸边卷曲、纸张严重变形、纸张太薄等。敲纸就是在纸上敲出一定方向的折痕，提高纸张在这个方向的挺度，具体敲纸方法在实训中掌握。

二、装纸要求

（1）纸张中如有坏纸（烂纸）应选出后才能装纸。

（2）不整齐的半成品应先撞齐堆放好，提前做好装纸准备。

（3）装纸太高时如纸面不平整应用纸垫平后再装，或者控制纸堆高度。

（4）撞纸前应先松纸，让空气充分进入纸中，如纸不平整，发生弯曲、上翘、下垂，应进行敲纸处理。

（5）装纸时应事先松一下以便空气进入纸中，装铜版纸时还可先把纸堆上部的纸张松一松。

实训项目

齐纸、装纸、敲纸、数纸、搬纸

一、实训目的

熟悉齐纸、敲纸、数纸、装纸、搬纸的方法与操作。

二、实训用具

60g/m^2 四开纸，每位同学500张，齐纸台若干个。

三、实训内容

齐纸。
敲纸与数纸。
装纸与搬纸。

四、实训过程与要求

教师先分项目示范操作并讲解操作要求与注意事项。

（1）齐纸。必须先松透纸张并抖动，让空气充分进入纸张中，然后把纸斜向错开并双手拿起撞齐。松纸是齐纸的关键。齐纸步骤示意图如图2－1所示。

（2）敲纸。先用左手把纸弯过来，然后用右手敲打纸边，让纸产生折痕。一般敲纸两角，折线成斜向辐射状。敲纸折痕方向如图2－2所示。

（a）松纸

图2－1　齐纸示意图

（b）搓纸

（c）撞纸

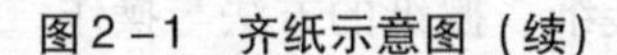

图2-1　齐纸示意图（续）

图2-2　敲纸折痕方向

（3）装纸与搬纸。装纸时先用双手压住下面的纸堆，然后把纸放在纸堆上面，并移动纸张使其与下面的纸堆整齐化。铜版纸与胶版纸的搬纸方法不同。搬胶版纸时可以先把一手纸压出一条折痕使纸坚挺起来，然后再搬非常省力。胶版纸搬纸示意图如图2-3所示。铜版纸不能折，故铜版纸不能这样搬，但可手持纸中间搬。

图2-3　搬纸示意图

（4）数纸。先把纸用手掀开，然后用左手轻压纸边，用右手一边刮纸一边点数，刮纸可以使用竹片等工具，每5张为一个计数单位，每百张用纸条分隔。数纸示意图如图2－4所示。

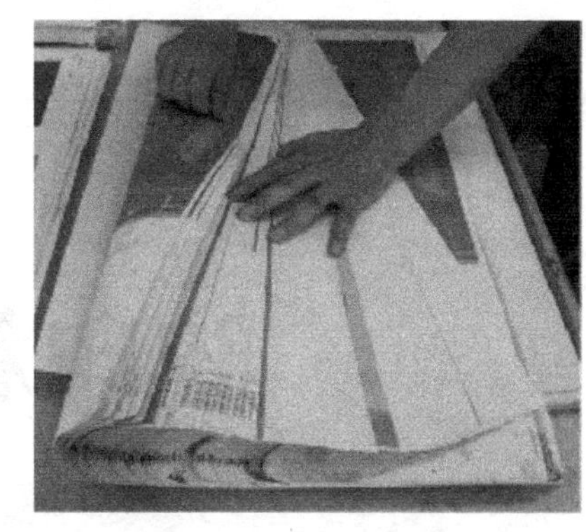

图2－4　数纸示意图

最后学生分项目进行练习，教师指导。一个项目完成后再进行下一个项目。

五、实训考核

考核方式：每位学生齐1000张四开纸，并装好，时间5分钟。

评分标准：总分5分，根据纸堆整齐程度打分，有一张严重不齐的扣1分，每超时1分钟扣1分。

六、实训报告

要求学生写出《齐纸、装纸、敲纸、数纸、搬纸实训报告》。

1. 齐纸的基本步骤是怎样的？
2. 敲纸的目的是什么，什么情况下需要敲纸？
3. 装纸要注意哪些问题？
4. 撞纸之前为什么必须先松纸？

任务八

胶印机按键操作

实训指导

一、胶印机传动系统

单张纸胶印机一般是通过一个主电机来驱动印刷机工作的，但收纸台、输纸台的升降，水斗辊与墨斗辊的旋转一般采用独立的电机驱动。主电机一般先通过齿形带或三角皮带驱动收纸滚筒（或者传纸滚筒）、再经压印滚筒、橡皮布滚筒，最后再驱动印版滚筒。各滚筒之间采用斜齿轮传动。输纸机的输纸动力一般是通过链条从印刷部分传送过去的，输纸机与印刷部分之间有一个输纸离合器，只有离合器合上时输纸机才能跟随主机一起运动。收纸链条是靠收纸滚筒上的链轮来驱动的。收纸台与输纸台的升降由单独电机控制，并经高倍变速后驱动纸台升降，在升降极限位置一般都设有限位开关，防止过升或过降。如果限位开关失灵，升降到达极限位时就要特别注意，以免出现链条松脱现象或升过头现象，防止出现设备事故。

二、胶印机控制系统

在印刷机的输纸处、收纸处及每色组上一般都有操作按钮，多色机一般在看样台上还有印刷机控制面板或电脑控制液晶屏。现代印刷机自动化程度越来越高，印刷机的操作也就越来越简单。尽管现代印刷机种类很多，但功能键都差不多，所以操作起来都大同小异。下面介绍胶印机的主要功能键，并介绍一种机型的对应按钮符号，以此来掌握印刷机按钮的功能与操作。如表 2－1 所示。

进口印刷机操作按钮功能一般用符号表示。同一台印刷机，凡是符号相同的按钮，无论在什么地方，其功能一定相同。同一品牌的不同印刷机其符号含义基本相同，不同品牌的印刷机，相同功能所使用的按钮符号可能完全不同。随着胶印机自动化程度的提高，胶印机按键越来越简单化、多功能化，胶印机操作越来越傻瓜化，通过一键实现所有印刷功能，完成产品印刷，简化了操作程序。例如，表 2－1 中的“生产键”就是这种性质，按此键即可实现自动印刷，包括水辊自动靠版、墨辊自动靠版、自动输纸、自动合压等，如果预先设定印刷数量，还可自动停止输纸与自动停机。总之，通过一键实现了产品的印刷，这样有利于印刷操作，简化操作程序，提高生产效率。

表2－1 胶印机常用功能键

功能键名称	海德堡机对应符号	功能描述
开机		机器连续运转起来
正点		正向转动，不点不转
反点		反向转动，不点不转
低速运转		超低速连续运转
输纸开/停		输纸机运动与停止
送气		气路接通与断开
气泵开/关		气泵运转与停止
生产键		单键实现输纸合压印刷功能
合压		实现合压印刷
计数		计数器计数
墨开/停		油墨供给与停止
水开/停		水供给与停止
着水辊靠离		着水辊靠离印版
着墨辊靠离		着墨辊靠离印版
停机		印刷机停止运转
急停车		印刷机紧急停止运转，带急刹
速度增减		印刷速度增加与降低
安全开关		只允许本处操作机器，安全防护

注：不同胶印机所用符号可能不同。

胶印机按键操作

一、实训目的

熟练掌握所开胶印机的各按键的操作方法与功能。

二、实训用具

PZ1650胶印机。

三、实训内容

输纸处面板。
收纸处面板（左右两个）。
色组上面板。

四、实训过程与要求

先介绍各按钮的功能并开机演示其功能。重点介绍安全锁按钮、输纸开按钮。然后让每位学生练习与操作，让学生熟悉各按键的功能与操作。

五、实训考核

考核方式：教师任意指定一项功能，由学生完成操作，主要考查学生对按键掌握的熟练程度。

评分标准：错一项扣1分，只要按错键即算为错，重做不算对。共指定5项，每项1分，共5分。折合为2.5分。

六、实训报告

要求学生写出《胶印机按键操作实训报告》。

1. 印刷机动力传递顺序一般是怎样的？
2. 输纸离合器有什么作用？
3. 纸台在重力作用下为什么不会自动下降？
4. 印刷机上必须具备哪些常用功能键？
5. 胶印机操作按键的发展方向是怎样的？

任务九

专色油墨调配

实训指导

一、色料三原色

三种颜色其中任何一种颜色不能通过另外两种颜色混合得到，三种颜色通过不同比例混合可以得到各种颜色，这样的三种颜色称为三原色。三原色有很多种，色光有色光三原色，色料有色料三原色。常用的色光三原色为红（R）、绿（G）、蓝（B），常用的色料三原色为黄（Y）、品红（M）、青（C）。油墨也有三原色，其配伍关系有多种，常见的三原色墨为中黄、桃红（或洋红）、天蓝。不同厂家的油墨其三原色墨的配伍关系是不同的。

色料减色法：是指通过三原色料按不同比例混合得到各种各样新颜色的方法。减色法中三原色料种类越多，混合色吸收的光就越多，亮度就越暗。

二、色料混合颜色变化规律

三原色料等比混合规律如下：

Y + M = R

Y + C = G

M + C = B

Y + M + C = K

如果三原色中其中两种原色以不同比例混合，就会得到一系列渐变的中间颜色。例如，黄色与青色混合，等比混合得到绿色，当固定黄色量不变，逐渐减少青色的量，可得到由绿至黄的一系列渐变色。其他道理类似。混合后的颜色总是偏向于比例大的那种颜色。三种原色等比混合得到黑色（K），同理，如果三种原色以不同比例混合，可以得到各种各样的颜色。

1. 间色与复色

间色是指由两种原色混合得到的颜色，红、绿、蓝都是典型的间色。两种原色料不等比混合得到一系列渐变的间色，色相偏向于比例大的原色。

复色是指三种原色混合得到的颜色，黑、白、灰色就是典型的复色。黑色其实可以看成是原色加典型间色形成的。用公式表示如下：

$$Y + M + C = (Y + M) + C = R + C = K$$

$$Y + M + C = Y + (M + C) = Y + B = K$$

$$Y + M + C = (Y + C) + M = G + M = K$$

R 与 C，Y 与 B，G 与 M 又称为互补色。两种颜色混合得到消色（黑、白、灰系列颜色）的这两种颜色称为互补色。互补色有互补色光与互补色料之分。

形成复色的方法很多，可以用三原色混合、两种间色混合、三种间色混合、原色与间色混合、黑色与原色混合等方式得到。例如，间色与间色混合用公式表示如下：

$$R + G = (Y + M) + (Y + C) = 2Y + M + C = Y + (Y + M + C) = Y + K$$

其他情况类推，由此可见，要想得到某一种复色，可以通过多种方法实现，这对油墨调配而言，带来了可变性与方便性，为了调配某种颜色油墨，可以通过不同的方法来实现。例如，要调配古铜色，根据上述公式可知，可以使用两份黄墨加一份品红墨再加一份青墨调配，也可使用红色墨与绿色墨调配，还可使用黑墨加黄墨调配。

2. 颜色三属性

任何颜色都具有色相、明度、彩度三个特性，称之为颜色三属性。色相又称色别、色调，是颜色的外观相貌，对油墨而言，黄、品红、青指的就是油墨的色相。明度是指颜色的明暗程度，可用物体的反射率或透射率大小来表示，白色明度最高，黑色明度最低。对油墨而言，白墨与透明油明度最高，黑墨明度最低。因此，可以在油墨中加白墨或透明油来提高明度，冲淡油墨；加黑墨来降低明度，加深油墨。彩度又称鲜艳度、饱和度，是指颜色的鲜艳程度。非彩色彩度为 0，光谱色彩度最高。对油墨而言，三原色油墨彩度最高。因此，可通过在油墨中添加非彩色墨（黑、白、灰系列墨）来降低油墨的鲜艳度，为了提高油墨的鲜艳度，就不能在油墨中添加使用非彩色墨。色料混合其颜色三属性如何变化呢？色相变化如前面所述。彩度变化是三原色墨彩度最高，间色次之，复色彩度最低。明度变化是三原色墨明度最高，间色次之，复色明度最低。色料混合种类越多，其明度与彩度下降就越多，颜色就变得越暗越不鲜艳，三种原色料混合，其混合色明度与彩度下降非常显著，特别是互补色墨相混合，其颜色变化非常敏感。为调配深色墨，可以在油墨中加黑墨或者互补色墨来降低油墨明度与彩度。为调浅色墨，可以加白墨或透明油来提高油墨明度并降低彩度，形成浅色墨。

三、专色油墨调配

1. 配色方法

专色油墨调配简称配色，配色方法主要有三种，经验配色法，色谱配色法与电脑配色法。经验配色法是凭经验确定色样的油墨组成及比例进行配色。这种方法目前在印刷厂还比较常用。色谱配色法是通过印刷色谱确定色样的油墨组成与配比进行配色，配色精度有较大提高。印刷色谱有专色色谱与网点色谱之分，有通用色谱与内部专用色谱之分。专色色谱是由几种专色墨按不同的比例调配后印刷而成的色谱，制作成本高，价格较贵。网点色谱是用 Y、M、C、K 四色墨按不同的网点面积率组合印刷而成的色谱。目前较常用的色谱有 PANTONE 色谱。使用 PANTONE 色谱配色就必须使用符合 PANTONE 色标准的油墨进行配色。印刷厂也可以自制色谱专用于本厂配色用。电脑配色是通过光度计与电脑处理系统相结合确定色样的油墨组成与配比进行配色，配色精度大大提高。

2. 调配过程

分析色样⟶确定油墨配比⟶调配⟶打样⟶对比评价⟶修正⟶交货。

分析色样就是要分析色样用纸与印刷纸张的差异，色样是否覆膜等情况。调配时，可根据油墨的特性适当添加油墨助剂改善油墨适性，同时要注意控制油墨调配总量，不能调配过多，也不能不够印刷。调配时一般要先加比例多的油墨，后加比例少的油墨。调配时要搅拌均匀，防止产生人为的误差。打样可以先用手工初步打样，感觉差不多时再用展色仪精确打样（如果有的话），最后上机试印，打样一定要控制油墨的厚度，油墨厚度不同，其颜色差别较大。手工打样一定要打实打匀油墨，以提高打样的准确性。一般油墨调配不能一次成功，要多次试验修正，每次修正时加墨量宁少勿多，以免油墨越调越多，无法控制。试印时发现油墨颜色有偏差，可以在墨斗中直接加墨调配。同时必须把墨辊洗干净，以免再次试印时墨色不准。

3. 配色实例

专色墨按明度可分为深色墨与浅色墨，这两种墨的调配要求是不同的。深色墨一般用三原色墨、间色墨或黑墨进行调配。浅色墨以冲淡剂为主进行调配。白墨与透明油都能冲淡油墨色相，都可用于调配浅色墨，但作用稍有差别，白墨透明度差，适合调配透明度低的油墨，而透明油透明度好，适合调配透明度高的油墨。白墨印刷时易堆墨，冲淡剂一般为透明油或亮光浆，印刷适性较好。专色墨按颜色类型可分为间色与复色，间色只能使用两种原色墨进行调配，不能使用三种原色墨调配，但复色可以使用多种方法进行调配。下面是色谱法进行配色的实例。

【例 1】已知某色样与印刷色谱标号为 M40 的色块非常接近，其油墨配比为：

$M:W=40:(100-40)=2:3$

标号中字母后的数字表示网点百分数。W 表示冲淡剂，M40 表示只有 40% 的网点面积被油墨覆盖，还有 60% 是空白纸张表面，60% 的空白部分用冲淡剂代替。

例 2，已知某色样与印刷色谱标号为 Y40M60 的色块非常接近，其油墨配比为：

$Y:M:W=40:60:(100-40+100-60)=2:3:5$

例 3，已知某色样与印刷色谱标号为 M20C40 的色块非常接近，其油墨配比为：

$M:C:W=20:40:(100-20+100-40)=20:30:140=2:3:14$

例 4，已知某色样与印刷色谱标号为 M80C90 的色块非常接近，其油墨配比为：

$M:C:W=80:90:(100-80+100-90)=80:90:30=8:9:3$

例 5，已知某色样与印刷色谱标号为 M80C10 的色块非常接近，其油墨配比为：

$M:C:W=80:10:(100-80+100-10)=80:10:110=8:1:11$

专色油墨调配

一、实训目的

熟悉专色油墨调配的方法与操作，能调出所需间色的专色油墨。

二、实训用具

Y、M、C 三原色油墨，小张铜版纸若干，PS 版或纸板若干张，墨铲若干，油墨清洗剂及抹布若干。间色样若干个（教师事先按不同比例调配打样而成）。网点色谱与专色色谱各一个。标准专色样若干个（从各种印刷品中找出）。油墨打样仪（展色仪）一台。

三、实训内容

色样分析。

油墨调配。

四、实训过程与要求

1. 认识网点色谱

网点色谱是由 Y、M、C、K 四色墨按不同网点百分比有规律地排列组合印刷而成，在色谱的每一页上，横向等比分布某一种色墨，纵向等比分布另一种色墨，其他两种色墨固定不变，但网点百分数随页数等比分布。网点色谱上每个色标都是由网点构成。网点色谱实质上形成了一个四维颜色空间，即 CMYK 色空间。网点色谱一般等比级差为 10%。网点色谱只能对应特定的原色油墨，当原色油墨不同时，相同的配比并不能得到相同的颜色。也就是说，使用不同的原色油墨，采用相同的配比所调配出来的油墨颜色是不相同的。PANTONE 网点色谱已经成为世界颜色标准，我国主要的油墨厂家都通过 PANTONE 公司的认证。通过 PANTONE 公司认证的油墨公司所生产的 PANTONE 原色油墨颜色在世界各地都是一致的，从而保证了 PANTONE 色谱的通用性与准确性。

2. 认识专色色谱

专色色谱是由多种专色油墨（或称基本色墨）按不同比例调配成新专色墨后印刷而成。专色色谱上每个色标都是实地色块，采用单色印刷而成。因专色色谱制作成本较高，故价格较贵。专色色谱比网点色谱表示颜色更精确。PANTONE 专色色谱也成为通用色谱，在颜色表示与传递方面起重要作用，已成为世界性颜色标准。PANTONE 专色色谱是用代号表示颜色，例如：PANTONE339C，339 为颜色标号，“C”表示印刷在涂料纸上，如果印刷在非涂料纸上就用“U”表示。

3. 认识三原色油墨色样

教师先打出 Y、M、C 三原色油墨的单色样。让学生认知原色样的色相是怎样的。

4. 标准专色样油墨配比分析

教师平时从各种产品中选出专色样（不少于 10 个，包括间色与复色），让学生分析各色样的三原色油墨比例，并指出调配用墨方案及大致比例关系。另外，要求学生从日常印刷品中寻找专色样，写出各色样的三原色油墨比例，并写出调配所用油墨种类及配比。每位学生至少找出 3 个，且必须是专色，不能是叠印色及三原色，但可以是冲淡后的三原色样，比如浅红、浅黄、浅蓝。

5. 间色样调配

教师事先调配 5 个间色样（限 Y、M、C 三原色油墨中任选两种按不同比例调配），教师示范操作一次后由学生进行调配练习。要求每位学生都要调配出 5 个色样。把三原色油墨取少量放到纸板上（PS 版或玻璃板均可），取油墨后要把墨罐中的油墨刮平，然后把墨罐收好。用墨刀或纸片取少量油墨进行调配，调好后沾芝麻大小的墨滴用纸片打样。手工打样质量是油墨调配的关键，打样必须反复用力，打样时不能摩擦，打样墨色要均匀结实，墨层厚度要控制在正常印刷范围内。打样质量要求如图 2－5 所示。

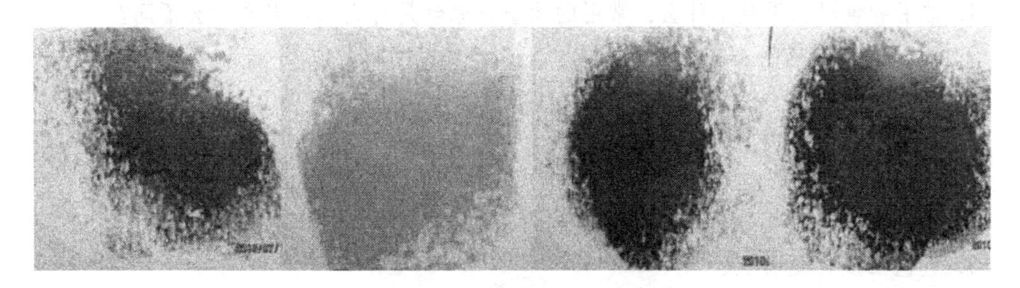

图 2－5　油墨手工打样图

油墨调配好后最后由展色仪进行打样，然后再与色样比对，观看墨色偏差及方向。

实训要求：练习时注意卫生及清洁，不能把油墨弄得到处都是，纸样不要乱丢，保护好色样与色谱，练习完毕要清洁现场，洗净墨铲与调墨工具。取墨后要把油墨放回原处，并原样封好，取墨不要太多，够用即可，节省油墨。

五、实训操作规程

1. 操作步骤

准备油墨⟶准备调墨纸板⟶准备色样⟶准备纸样⟶去除墨皮⟶取少量油墨到纸板上⟶清洗墨刀⟶分析色样⟶确定色样油墨配比⟶先取比例最大的油墨⟶然后取其他色油墨混合⟶充分搅拌均匀⟶取已调墨样⟶打样⟶比对⟶不合适丢垃圾桶里⟶重复以上步骤直至合格为止⟶清理现场⟶清洁台面。

2. 操作要求

（1）纸样采用铜版纸，油墨取用 Y、M、C 三种，在墨罐中取油墨时先要去除墨皮，取墨后把油墨放回原处，墨刀清洗干净。

（2）调配时取墨要少些，加其他色墨时要少量多次，不要一次加过头，以免油墨越调越多。

（3）打样要用力拍打，不要摩擦，尽量打结实些，墨厚要控制在1～2μm，不能过厚也不能太薄，要与印刷品墨厚相当。

六、实训考核

考核方式：准备5个色样，由学生抽取一个色样进行调配，时间5分钟。可以两位同学同时进行考核，其他同学可以调色练习或者进行齐纸练习。

评分标准：根据颜色接近程度与手工打样质量打分，总分5分，打样不均者扣1分，每超时2分钟扣1分。

七、实训报告

要求学生写出《专色油墨调配实训报告》。

1. 常用的色料三原色是什么，常用的油墨三原色是什么，两者有什么不同？
2. 什么是色料减色法，什么是三原色？
3. 三原色料等比混合规律是什么？
4. 什么是间色与复色？
5. 什么是互补色，常用互补色有哪些？
6. 复色可以通过哪些方法实现？
7. 颜色三属性是什么？
8. 色料混合其颜色三属性如何变化？
9. 如何降低油墨的明度与彩度？
10. 如何提高油墨的明度？
11. 如何提高油墨的彩度？
12. 配色方法有哪三种，各有什么特点？
13. 什么是专色色谱与网点色谱？
14. 深色墨与浅色墨在配色时有什么区别？
15. 白墨与透明油在配色使用上有什么不同？
16. 已知某色样与印刷色谱标号为M80C90的色块非常接近，调配此专色样其油墨配比为多少？
17. 如何提高专色油墨调配的精准度？

任务十

拆装版

实训指导

单张纸胶印机常用的印版装夹机构有固定式和偏心辊式。在全自动胶印机上一般采用活动夹版式印版装夹机构。

一、固定式印版装夹机构

图2－6为固定式印版装夹机构。在印版滚筒空挡处装有上下两块同样的版夹5，版夹上的夹版螺钉3是用来夹紧印版的，拉版螺钉2是用来拉紧印版的，顶版螺钉1是用来使版夹来去移动的，撑簧4是用来使版夹自动靠向滚筒体的，便于装版。

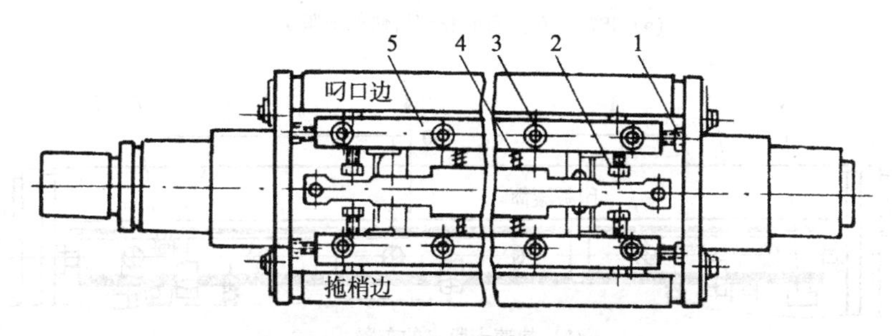

图2－6 固定式印版装夹机构

1—顶版螺钉；2—拉版螺钉；3—夹版螺钉；4—撑簧；5—版夹

装版过程：点动机器使叼口边版夹转到最佳装版位置，调节叼口边拉版螺钉，让版夹水平，调节叼口边顶版螺钉让版夹居中，然后把印版叼口边插入叼口边版夹槽中，版全部插到底后从中间向两端拧紧夹版螺钉，而后把印版衬垫装上，落下墨辊与水辊（或先让机器合压），正点机器使拖梢边版夹转到最佳装版位置，放松拖梢边版夹拉版螺钉使版夹下移至足够装入印版为止，同样校正拖梢边版夹让其水平居中（此步也可在装版前完成），然后把印版拖梢边插入版夹槽中，从中间向两边紧固夹版螺钉。下面先紧固拖梢边版夹拉版螺钉让版收紧，后紧叼口边拉版螺钉收紧印版，最后抬起水墨辊，此时版就装好了。特别提醒：收紧印版时不可用力过大，稍微用力即可，否则印版会发生拉伸变形，从而影响套印。

拆版过程：松开叼口夹版螺钉，再松开拖梢夹版螺钉，然后抓住印版反向点动机器取出印版。

二、偏心辊式印版装夹机构

又称为快速卡版机构（如图2－7所示）。快速卡版机构由版夹底板10、版夹压板9、夹版螺钉1、卡紧轴2组成。版夹压板9可以夹版螺钉1为支点摆动，其一边为安装印版的夹版，为增加夹紧度，其上刻有横向沟纹；另一边与安装在半圆弧槽中的卡紧轴相接触。卡紧轴的中间有一拨棍插孔。印版夹紧方法如下。装版时用拨棍拨动卡紧轴，使其以低面相对压板，叼口版夹在弹簧作用下松开，将版插入其中，然后再拨动卡紧轴使其圆柱面将右边压板顶起，压板叼口部分即下压，将印版卡紧卡住。定位孔5的作用是装版时对印版进行预定位，以减少校版工作量。装版程序同固定式，仅夹紧印版方法不同而已。

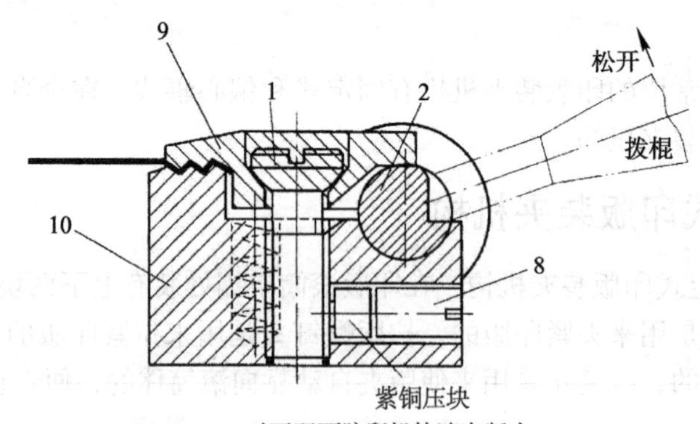

(a) JS2120对开双面胶印机快速卡版夹

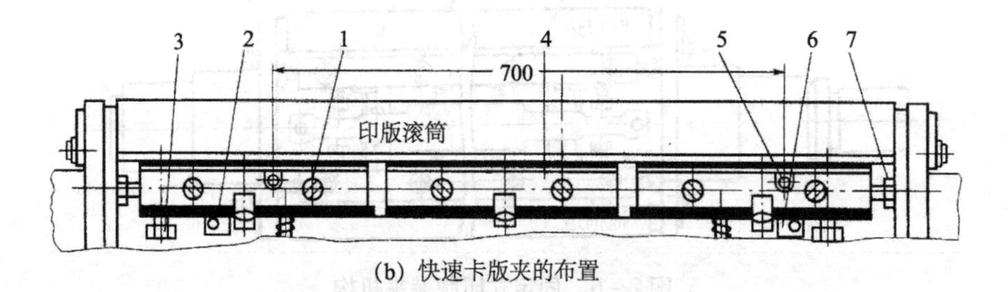

(b) 快速卡版夹的布置

图2－7　快速卡版机构

1—夹版螺钉；2—卡紧轴；3—拉版螺钉；4—版夹；5—定位孔；6—标尺；7—顶版螺钉；8—防松顶丝；9—版夹压板；10—版夹底板

在印版的厚度发生变化时，有必要调整压板压力，调节方法如下：先松开防松顶丝8，如图2－7（a）所示，然后按正常装版程序装好印版，调节夹版螺钉1使印版夹紧力合适，拧紧顶丝8，压力调节完毕。当把版取下来的时候，要经常检查印版上的叼痕是否一致，如果某个地方叼力不足或接触面不好，会出现小范围套印不准的问题。

三、活动夹版式印版装夹机构

在现代高速自动化胶印机中，装版与拆版都已实现了全自动，因此，版夹的开与闭、收紧与放松都是通过驱动机构进行自动控制，无须人手操作。版夹就像可活动的夹板，夹板可通过控制机构实现开与闭，整个夹板还可以转动实现版夹的收紧与放松，活动自如。夹板上已经没有拉版螺钉与顶版螺钉，拉版也都全部实现自动化，无须手工拉版。由于装版精度大大提高，校版只需通过借滚筒、滚筒位置微调就能实现印版的校正。一套四色版装好并校正一般不超过 10 分钟，大大缩减了正式印刷前的校调时间，提高了生产效率。

拆装印版

一、实训目的

熟悉印版装拆方法与操作。

二、实训用具

旧 PS 版若干张。

三、实训内容

拆版操作：每人 5 次以上。
装版操作：每人 5 次以上。
单项练习：紧版力度控制与螺钉松紧方向掌握。

四、实训过程与要求

（1）练习紧版力度。松开紧版螺钉，然后收紧印版，再让学生感觉力度大小。最后由学生练习一遍，教师检查收紧力度是否合适。每位学生至少练习三次以上，准确掌握螺钉松紧度，以防拉断拉坏印版。

（2）练习螺钉松紧方向。对所有拉版螺钉、顶版螺钉全部进行练习，掌握各紧版螺钉的旋向与松紧方向的关系，掌握顶版方向与旋向的关系，每人练习至少 5 次以上，要求熟练且准确掌握螺钉旋向与松紧方向的关系。规律：叼口版夹，扳手从左向右扳，收紧印版；拖梢版夹，扳手从右向左扳，收紧印版。靠身侧，扳手从上往下扳，顶版；朝外侧，扳手从下往上扳，顶版。

（3）拆版流程。松开叼口版夹⟶松开拖梢版夹⟶取出拖梢边⟶反点机器取出印版。

（4）装版流程。校平版夹⟶装印版叼口⟶夹紧印版⟶放衬垫⟶点动机器包卷印版⟶装拖梢边⟶夹紧印版⟶收紧拖梢版夹⟶收紧叼口版夹。

每位学生练习两次，教师现场指导。

（5）装版要求：叼口一定要校平，印版要收紧，先装叼口后装拖梢，装版时辨清印版叼口。

五、实训操作规程

以下有关设备操作方面的操作规程针对光华 PZ1650 胶印机有效，对其他印刷机仅供参考。

1. 装版操作规程

装版步骤：

检查调节拖梢版夹位置⟶检查调节叼口版夹位置⟶点动机器让叼口版夹处于装版位置⟶把印版叼口边插入叼口版夹中并夹紧⟶正点机器后放衬垫⟶卷入印版⟶装印版拖梢边并夹紧⟶收紧拖梢版夹⟶收紧叼口版夹。

简化步骤：调节版夹位置⟶装叼口⟶装拖梢⟶收紧印版。

操作要求：

（1）检查调节叼口版夹位置，让其水平，来去居中。版夹上下位置适中，不能处于极限位置，版夹与滚筒体应有 3mm 的间隙。套下一色印刷时，各叼口版夹螺钉一般松 3 下即可。

（2）检查调节拖梢版夹位置，让其水平，来去居中，并放松版夹 3～5mm。拖梢版夹应与滚筒体保持 5mm 的间隙。

（3）点动机器让叼口版夹处于装版位置，叼口版夹与墨辊有 10cm 的距离。

（4）把印版叼口边插入版夹叼口的夹槽中，然后用专用扳手夹紧印版，一定要用力夹紧。夹紧的方向为扳手向滚筒体方向扳，即向上扳。

（5）正点机器让印版叼口边靠近安全杠，放印版衬垫，抓住印版拖梢边点动机器卷入印版至拖梢处，让拖梢版夹与安全杠有 10cm 的距离时停止点动。

（6）把印版插入拖梢版夹中，先插入一边，然后缓慢从左到右或者从右到左插入印版，最后用手把印版往上推至版夹底部。

（7）夹紧印版。夹紧的方向为扳手向滚筒体方向扳，即向下扳。

（8）收紧拖梢版夹，每个螺钉都要收紧，且用力要均匀一致，力度控制在 2kg 左右。

（9）收紧叼口版夹，每个螺钉都要收紧，且用力要均匀一致，力度控制在 2kg 左右。

（10）印版装到机器上至印版收紧之前这段时间，只能正点机器，不能反点机器，如果点动过度，只能正转一周调整位置。

2. 拆版操作规程

拆版步骤：

松叼口夹版螺钉⟶松拖梢夹版螺钉⟶取出印版拖梢边⟶反点机器取出印版及衬垫。

拆装要求：

（1）拆下的印版，图文面要朝上放置。

（2）取装时手抓住印版并稍稍用力往上拉，以防印版碰擦墨辊。

（3）拆版开始后只能反点机器，不可正点机器。

六、实训考核

考核方式：拆装一块印版，时间5分钟。

评分标准：操作规范，符合操作规程，印版叼口水平，左右居中，各螺钉收紧合适并按时完成给满分，总分5分，操作流程错一处扣1分，印版很斜扣1分，螺钉没收紧扣1分，超时扣1分。出现安全事故或违反安全操作规程不给分。

七、实训报告

要求学生写出《拆装印版实训报告》。

1. 简述装版的操作过程。
2. 简述装版定位的原理。
3. 为什么装版一定要求叼口水平？
4. 为什么装版前先要放松拖梢版夹？
5. 为什么收紧印版不能太用力？
6. 为什么收紧印版时要先紧拖梢后紧叼口？
7. 装版前合压有什么用处？
8. 装版过程中为什么不能反点？
9. 拆版时为什么先拆拖梢？
10. 现代先进的多色胶印机没有手动拉版机构，他们是如何实现印版校正的？
11. 装版前弯版有什么用处？
12. 收紧印版时要注意哪些问题？

任务十一

拆装橡皮布

实训指导

一、橡皮布装夹机构

单张纸胶印机橡皮布大多采用蜗杆蜗轮式锁紧机构。如图 2－8 所示，橡皮布由两块夹板 1、2 通过螺钉 3 夹紧（橡皮夹结构如图 2－9 所示），橡皮夹通过卡板卡紧在张紧轴 5（张紧轴结构如图 2－10 所示）上，张紧轴与蜗轮固结在一起，由蜗杆带动其转动，蜗杆还可用螺钉 11 锁紧。有的机器橡皮夹是通过螺钉固定在张紧轴上的，这样更安全可靠，橡皮夹不会被甩出。

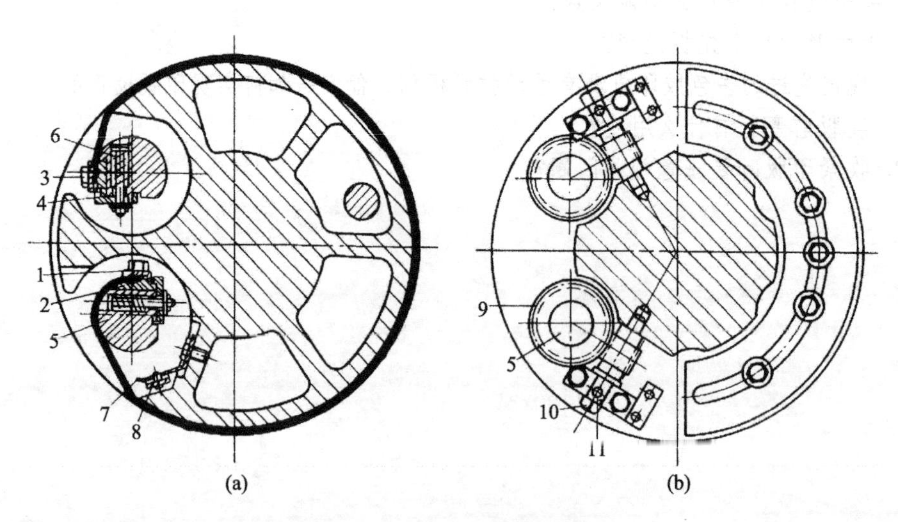

图 2－8　橡皮布装夹机构

1、2—橡皮夹板；3—螺钉；4—卡板；5—张紧轴；6—压簧；7—弹性钢片；8—衬垫夹板；9—蜗轮；10—蜗杆；11—锁紧螺钉

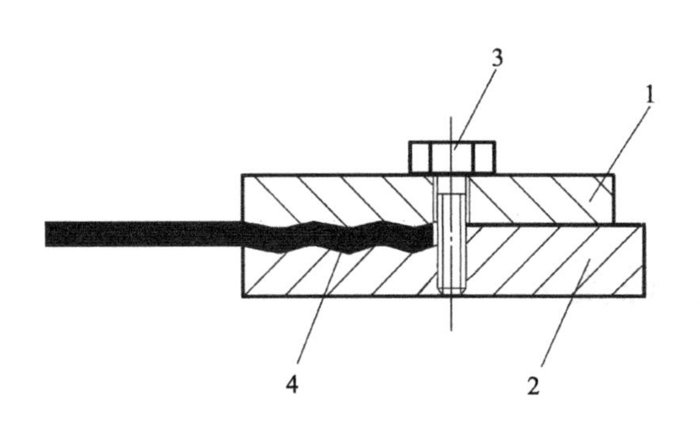

图2－9　橡皮夹的结构

1、2—橡皮夹；3—夹紧螺钉；4—橡皮布

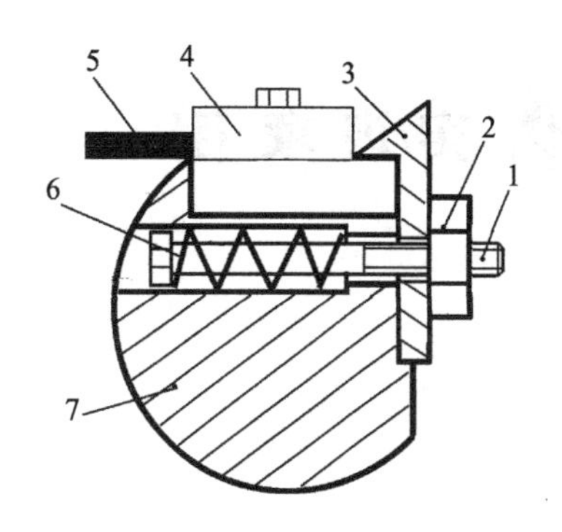

图2－10　张紧轴的结构

1—螺栓；2—螺母；3—卡板；4—橡皮夹；
5—橡皮布；6—压簧；7—张紧轴

二、橡皮布的拆装

1. 橡皮布安装流程

点动机器使橡皮布滚筒的叼口边到可操作位置，把橡皮夹卡入张紧轴中（一定要卡稳卡牢，否则易甩出），转动蜗杆让张紧轴向里转动至合适位置。然后卡好衬垫夹板，点动机器让包衬连同橡皮布一起平服地包裹在橡皮布滚筒上，当快接近橡皮布滚筒拖梢位置时停止点动，同样把橡皮夹卡入张紧轴中后转动蜗杆让橡皮布张紧，最后再绷紧叼口边橡皮布，拧紧蜗杆锁紧螺钉。橡皮布的拆卸正好相反，应先拆拖梢边。

2. 需要拆装橡皮布的几种情况

需要拆装橡皮布的情况有更换橡皮布、更换衬垫、垫补橡皮布凹陷。下面分别介绍三种情况如何操作。更换衬垫一般是在橡皮布被压低时采用，更换衬垫时不用把橡皮布全部取出，只取出拖梢边松出橡皮布能更换衬垫就行了。垫补橡皮布凹陷是指橡皮布被压低不多还能补救的情况下采用，操作方法是先取出橡皮布（叼口边可不取），然后用圆珠笔把压低处画出来，再根据压低的程度在压低处垫上适当厚度的薄纸片（要用胶水粘到橡皮布上）。更换橡皮布是指换上新的橡皮布，先从橡皮布卷轴上取下橡皮布放到桌面上，松开橡皮布夹紧螺钉，然后把裁切好的新橡皮布夹紧，最后装到橡皮布滚筒上。更换橡皮布要注意以下问题。

① 橡皮布在能使用条件下应尽量想办法利用，不要随意更换橡皮布，一般更换橡皮布要经机长确认。

② 压低橡皮布一般应通过换衬垫或垫补方法解决，不准更换橡皮布。

③ 压坏橡皮布如通过借橡皮布或调头能使用的不要更换橡皮布。

④ 夹装橡皮布时应注意装到位，以防橡皮布掉出来。

⑤ 装橡皮布时橡胶面必须朝上，橡皮布应放在纸上或桌面上安装，不要放到地面上。

⑥ 装橡皮布时应看清方向，易拉长方向为横向（来去方向）。

⑦ 橡皮布应装成矩形，用尺检查两对角线尺寸应相等，误差少于1mm。

⑧ 橡皮布装上后要两头绷紧。

拆装橡皮布

一、实训目的

熟悉橡皮布的拆装方法与操作，熟悉补垫橡皮布与更换衬垫的方法与操作。

二、实训用具

橡皮布一块。

三、实训内容

橡皮布夹紧：每人1次。
橡皮布拆装：每人2次。
垫补橡皮布凹陷：每人1次。

四、实训过程与要求

教师示范操作前讲解操作过程与注意事项，也可边示范操作边讲解每一步的操作要求与注意事项。

（1）拆橡皮布。松拖梢边卷轴螺钉⟶卷出橡皮布拖梢边⟶取出橡皮布拖梢边⟶点动机器取出橡皮布⟶松叼口边卷轴⟶取出橡皮布及衬垫。

（2）装橡皮布。卡紧叼口边⟶卷轴收紧⟶放衬垫⟶卷橡皮布⟶卡紧拖梢边⟶收紧拖梢⟶收紧叼口。

（3）夹紧橡皮布。把橡皮布夹板上的所有紧固螺钉松开一点点，取下橡皮布。然后从一头穿入橡皮布，全部穿好后让左右居中，最后紧固各螺钉。另一边装夹操作方法与此相同。教师先示范操作一次，然后由学生逐个练习一次。

（4）补垫橡皮布。先假设橡皮布上某处被压低，需要垫补。首先松开橡皮布拖梢边，把橡皮布卷出至超过被压低处，然后用笔在橡皮布的背面画出被压低的位置，眼睛看正面，位置以笔痕判断。根据被压低的程度，选择适当厚度的纸张撕成适当的大小后用桃胶粘贴到橡皮布压低处，最后装上橡皮布即可。教师先示范操作一次，然后由学生逐个练习一次。

（5）注意事项。橡皮夹一定要卡紧卡好到卷轴上，以防运转时甩出造成事故，橡皮布两边都要收紧。紧固橡皮夹时要拧紧螺钉，以防橡皮布掉出，紧固螺钉时不能打滑，以免搞花螺钉。衬垫纸要居中，叼口边要折进滚筒里一点点，并把所有的衬垫纸订成一本，以防纸印刷时滑动。

教师示范后由学生练习，教师指导。重点练习卡紧拖梢边这一步。每次练习都必须绷紧橡皮布，教师最后检查装夹效果。

五、实训操作规程

1. 拆橡皮布操作规程

操作步骤：

松橡皮布拖梢边⟶取出橡皮夹⟶反点机器⟶松橡皮布叼口边⟶取出橡皮布。

操作要求：

（1）必须先取拖梢边。但可以先松点叼口边，一至两下即可。

（2）取橡皮布时，手要稍微拉住橡皮布，以防橡皮布堵塞在滚筒之间。

（3）取下的橡皮布必须胶面朝上放置。

2. 装橡皮布操作规程

操作步骤：

装橡皮布叼口边⟶放衬垫⟶正点机器⟶装橡皮布拖梢边⟶绷紧拖梢⟶绷紧叼口。

操作要求：

（1）必须先装叼口边，衬垫纸要订在一起并先折一下，装衬垫时沿折线装到滚筒边界上。衬垫纸要左右居中，并不能歪斜。

（2）正点机器时，用手把橡皮布及衬垫拉紧，以防橡皮布堵塞。

（3）卡紧拖梢边时一定要卡结实，橡皮夹要被钩住，以防橡皮夹掉出。

（4）一定要两边绷紧橡皮布，以防橡皮布松脱。

六、实训考核

考核方式：拆装橡皮布一次（不拆叼口边，只拆装拖梢一边），时间 5 分钟。

评分标准：按操作流程及时装好并收紧合适给 5 分，操作流程错一处扣 1 分，没收紧扣 1 分，超时扣 1 分，不能装上不给分，违反安全操作规程或出现事故的不给分。总分为 5 分，折合为 2.5 分。

七、实训报告

要求学生写出《拆装橡皮布实训报告》。

1. 橡皮布是如何收紧的？
2. 为什么拆橡皮布时一定要先拆拖梢？
3. 哪些情况下需要拆装橡皮布？
4. 橡皮布被压低了一点点，一般如何处理？

5. 为什么装橡皮布应装成矩形?
6. 为防止橡皮布在运转时掉出来，在装橡皮布时应注意哪些方面?
7. 什么是借橡皮布，有什么作用，操作时要注意什么?
8. 为什么拆橡皮布之前先要放松叼口边一至两下?
9. 如何判断橡皮布的方向，装橡皮布时滚筒周向与橡皮布的纵向有什么关系?

任务十二

输纸与收纸

实训指导

一、概述

输纸系统指胶印机中将所需印刷的纸张从纸堆上输送到定位机构的装置。单张纸输纸系统又称给纸系统、给纸机、输纸装置，英文名为 FEEDER，故又称为“飞达”，主要由分纸和输纸两部分组成。一般给纸机与印刷机主机部分是分开的，分纸与输纸的动力是由主机提供的，输纸台升降由本身电机供给动力。输纸装置的基本功能是自动地把纸堆中的纸张分开且按一定的方式平稳、准确地将纸张输送到定位装置上去。气动式自动给纸机外形如图 2－11 所示。

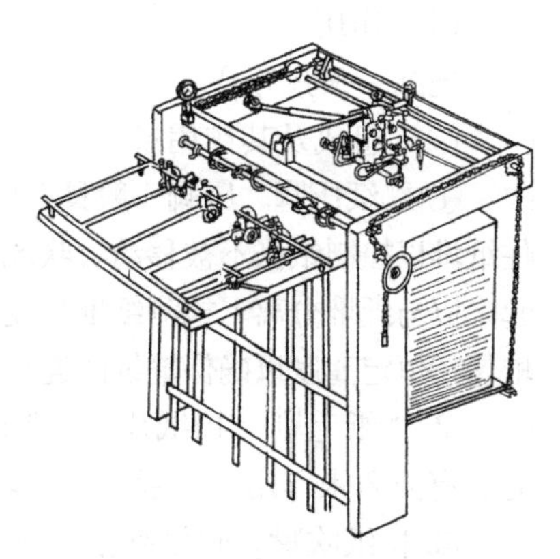

图 2－11　气动式自动给纸机

二、气动式自动给纸机

给纸机按自动化程度可分为手动式与自动式，按分纸方式可分为气动式与摩擦式，气动式自动给纸机是通过吸气及吹气实现纸张分离的自动给纸机。

1. 一般组成

气动式自动给纸机一般由下列机构组成。

① 分纸头。又称为分离头，包括分纸机构和送纸机构。

② 接纸机构。接送分纸头递送过来的纸张。

③ 输纸机构。把接纸机构传来的纸张输送至定位机构。

④ 传动系统。飞达的传动齿轮、链条、马达等。

⑤ 输纸检测控制装置。主要指双张、歪张、空张检测装置。

⑥ 输纸台升降机构。

⑦ 纸堆自动上升机构。

⑧ 气路系统。

气动式给纸机主要组成如图 2-12 所示。

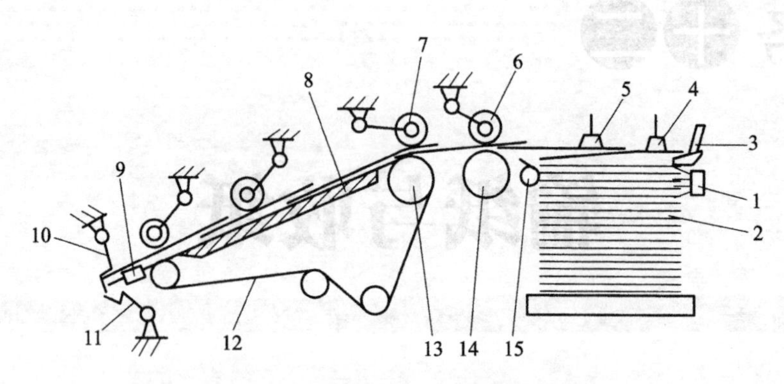

图 2-12　气动式自动给纸机组成图

1—松纸吹嘴；2—纸堆；3—踩纸压脚；4—分纸吸嘴；5—送纸吸嘴；6—接纸轮；7—压纸轮；8—输纸板；9—侧规；10—前规；11—前挡规；12—线带；13—线带辊；14—接纸辊；15—前挡纸牙

2. 分纸机构

（1）作用

把纸一张张分开。

（2）组成及其作用

① 踩纸压脚。压脚一般具有压纸、吹风、检测纸堆高度三大功能。压纸是指压脚能踩住纸堆以控制纸张不被移动。吹风是指压脚前端能吹气，可把分纸吸嘴吸起的纸张整张吹起来以与纸堆分离。检测纸堆高度是指压脚能检测纸堆的高低位置，并通过控制机构使纸堆保持恒定高度以确保输纸的连续性。压脚一般只有 1 个，并每一工作周期摆动一次。

② 挡纸毛刷（挡纸片）。挡纸片的作用是挡纸，把纸张挡在一定的高度不让吸嘴吸起，有防多张作用，一般 4 个，均匀对称分布在压脚的两侧。

③ 松纸吹嘴。吹松纸张的作用，以便于分纸吸嘴吸纸分离，有防空张效果，一般 2 个，安排在分纸吸嘴对应纸边处。

④ 分纸吸嘴。吸住纸张并上升实现分纸目的，一般有 2 个，作上下直线运动。

⑤ 后挡纸板。防纸张后退，以保证输纸连续稳定。

图 2-13 为分纸头各部件分布平面图。

（3）分纸机构主要部件的结构与运动

① 分纸吸嘴的运动

图 2-14 为分纸吸嘴运动简图。

分纸吸嘴由凸轮和导轨控制作上下直线运动。

② 压脚的运动

图 2-15 为压脚结构图。图 2-16 为压脚机构运动简图。

压脚由凸轮控制四杆机构使压脚作斜向摆动。

③ 纸堆高度检测原理

由图 2-16 可知，压脚下摆导杆 11 上升，当压脚下移到某一高度时，导杆触动微动开关使电路接通，然后通过控制电路使纸堆上升 2～3mm，周而复始，从而使纸堆恒定在某一高度以确保输纸的连续性。

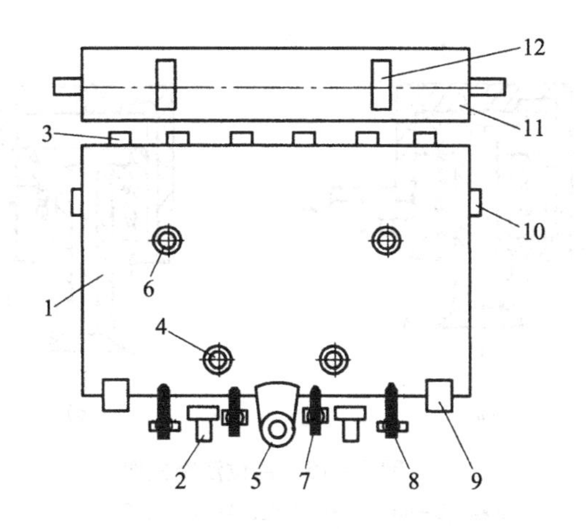

图2－13　分纸头各部件分布平面图

1—纸堆；2—松纸吹嘴；3—挡纸牙；4—分纸吸嘴；5—压脚；6—递纸吸嘴；7、8—挡纸片；9—后挡纸板；10—侧挡纸板；11—接纸辊；12—接纸轮

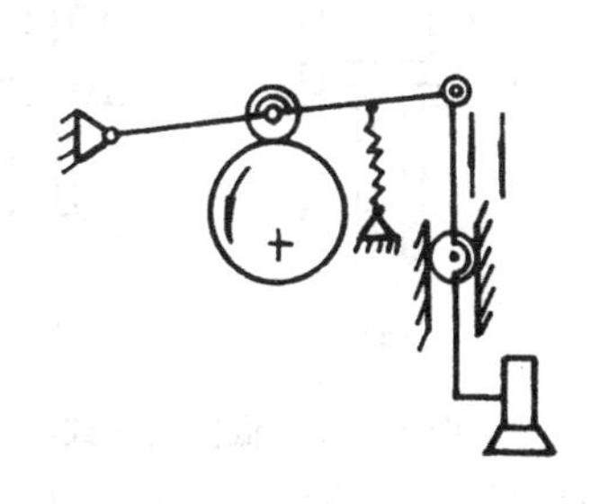

图2－14　分纸吸嘴运动简图

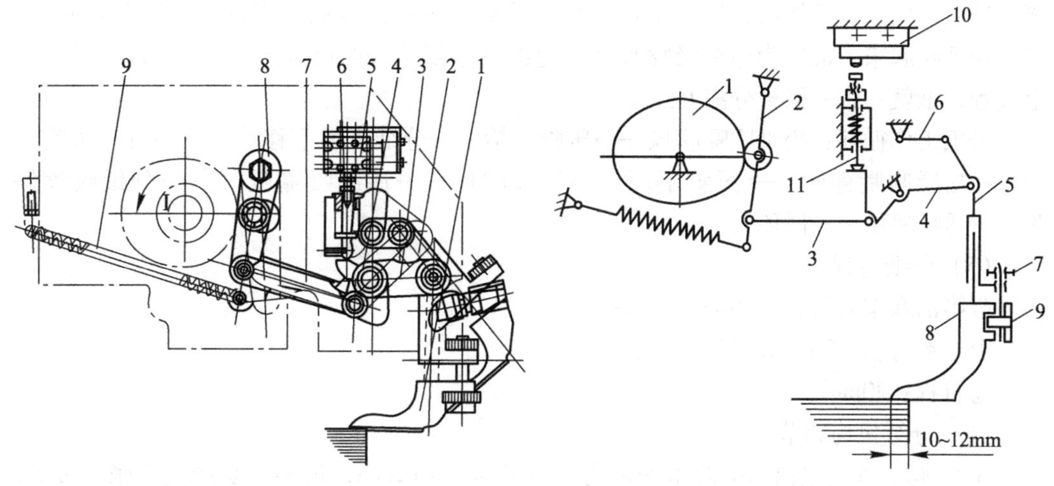

图2－15　压脚结构

1—压脚；2、7—连杆；3—拉杆；4—销轴；5—微动开关；6—导杆；8—摆杆；9—拉簧

图2－16　压脚机构运动简图

1—凸轮；2、4、6—摆杆；3、5—连杆；7—锁紧螺母；8—压脚；9—调节螺母；10—微动开关；11—压脚下摆导杆

④ 吸嘴

吸嘴吸盘上开有很多小气孔，并装有橡皮圈以增加吸纸力。印刷厚纸一般要求橡皮圈较大且厚。吸嘴按结构不同可分为：

a. 低位活塞式，未通气时活塞处于低位态［图2－17（a）］，通气吸纸后才上升［图2－17（b）］，断气后又下移复位。常用于分纸吸嘴中。上下移动量一般10mm。

b. 高位活塞式，未通气时活塞处于高位态［图2－18（a）］，通气活塞下移吸纸［图2－18（b）］，吸纸后又上升复位，形成抓纸动作。常用于递纸吸嘴中，可防吸嘴回程时刮纸，上下移动量一般15mm。

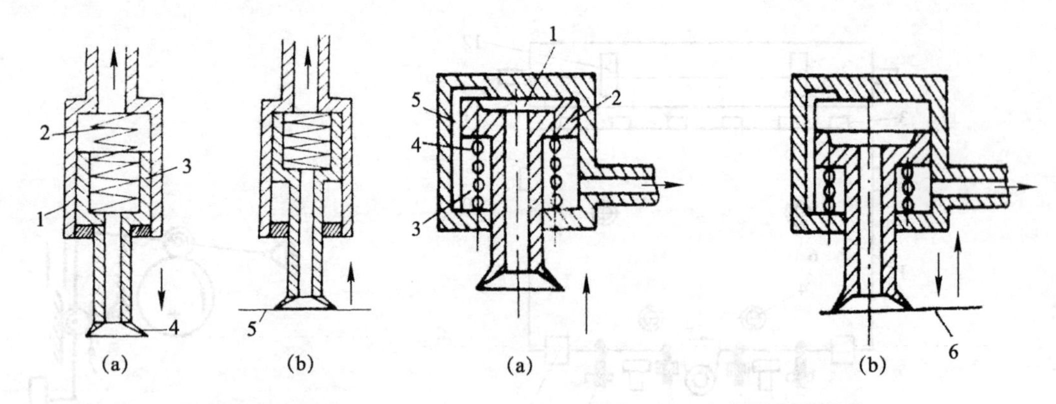

图2－17　低位活塞式吸嘴

1—气缸；2—弹簧；3—活塞；4—吸盘；5—纸张

图2－18　高位活塞式吸嘴

1—上腔；2—活塞；3—下腔；4—弹簧；5—沟槽；6—纸张

（4）分纸工作过程

松纸吹嘴吹风把纸边吹松，然后压脚上抬，在挡纸毛刷的作用下纸被控制在一定高度。此时，分纸吸嘴下移并开始吸气，吸住纸后并上升，纸被强制越过挡纸毛刷而被分离。然后，松纸吹嘴停吹，压脚下压踩住未分离的纸张，踩稳纸张以后压脚开始吹风，把整张纸吹起来，最后为递纸吸嘴吸纸并递纸（递纸前分纸吸嘴已停吸），这样循环以上过程，纸就一张一张被分离并送走。

分纸工作循环：松纸吹嘴吹风⟶压脚上抬⟶分纸吸嘴下移吸气⟶分纸吸嘴上升⟶松纸吹嘴停吹⟶压脚下压⟶压脚吹风⟶递纸吸嘴吸气⟶分纸吸嘴停吸⟶递嘴递纸⟶循环。

（5）分纸行程

吸嘴活塞本身行程：10mm，可调。

分纸嘴行程：20mm，部分可调。

总行程：30mm。

（6）分纸机构调节

① 压脚。踩纸量指压脚踩纸的距离，一般为 8～12mm，过多，易产生空张；过少，易产生多张。一般可通过调节分纸头前后位置来实现，可自动控制与手动调节。

② 松纸吹嘴。吹风量，以能吹松最上面十几张纸为原则，一般厚纸要大些，薄纸小些。吹风量过大，易产生多张；过小，易产生空张。吹嘴的高度，能吹到 2～3mm 纸张即可。吹嘴与纸堆的距离，一般 5mm。

③ 挡纸毛刷（挡纸片）。挡纸量指挡纸片插入纸堆的距离，一般 5mm，过多，易产生空张；过少，易产生多张。挡纸片的高度，距纸面 2～3mm，并与分纸吸嘴最低点同面。

④ 分纸吸嘴。吸风量，厚纸大些，薄纸小些，一般可调至最大。分纸吸嘴高度，当分纸吸嘴移动到最低位置时距纸面 2mm。

（7）分纸要求

① 每工作周期仅分离一张纸，不能产生双张或多张。

② 压脚不能踩到所分离的纸张。

③ 分纸吸嘴与递纸吸嘴存在共同的吸纸时间，纸张不能失控。

④ 递纸之前，分纸吸嘴应完全放纸。

⑤ 纸叼口边要能被压脚吹风吹起。

⑥ 纸堆整齐，纸堆上面的纸不挪位。

⑦ 纸堆各机构对称分布，工作时间对称，工作效果对称，不产生分纸歪张。

3. 送纸机构

（1）作用

把分纸机构分开的纸张送给接纸机构。

（2）组成及其作用

① 递纸吸嘴。递送纸张，作近似水平运动，一般 2 个，对称分布在纸稳定线上。

② 前挡纸板。又称挡纸牙，可防止纸张前移，有多个，递纸时可向前摆动。

（3）递纸机构的结构与运动

① 递纸吸嘴的运动

图 2－19 为递纸吸嘴运动简图。递纸吸嘴由偏心轮和导轨共同控制，运动轨迹为近似直线。

② 挡纸牙的运动

图 2－20 为挡纸牙工作位置与结构图。凸轮高面与滚子接触［图 2－20（c）］时挡纸牙处于挡纸位置［图 2－20（a）］阻止纸张前移，当凸轮与滚子低面接触时挡纸牙向前摆动让纸通过［图 2－20（b）］。

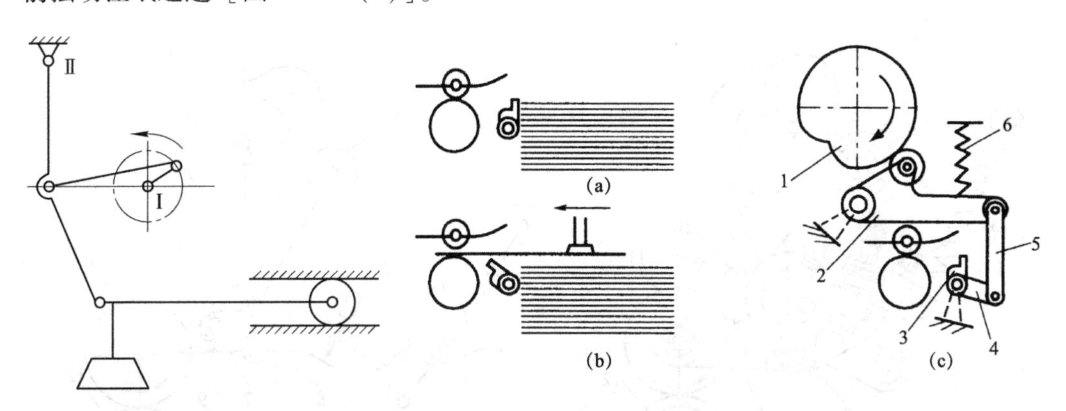

图 2－19　递纸机构运动简图

图 2－20　挡纸牙工作位置和结构图

1—凸轮；2—摆杆；3—挡纸牙；4、5—连杆；6—弹簧

（4）递纸工作循环

递纸嘴吸纸并上升⟶挡纸牙让纸⟶分纸吸嘴停吸⟶递纸嘴递纸⟶压脚停吹⟶挡纸牙复位⟶接纸轮接纸⟶递纸嘴停吸放纸⟶递纸嘴返回⟶循环。

（5）调节

① 吸嘴高度。吸嘴到达最低位时距纸面 3～5mm，静态时用手把吸嘴拉到最低点判断，动态时以吸嘴刚能吸到吹起的纸张为准。

② 吸嘴位置。排在纸稳定线上，即把纸双对折展开后的两折缝上。

③ 纸堆高度。指挡纸牙顶部离纸面的距离，一般 5mm，过高，易产生多张；过低，易产生空张。一般通过楔形木尖来调节，纸堆过高，插入木尖，纸堆过低，把木尖拔出

来点儿，另外还可通过调节分离头的高度来控制。

④ 挡纸舌（前挡纸牙）。前摆时间调节，递纸吸嘴递纸之前就应先向前摆动，以便纸顺利送出，在松纸吹嘴吹风前应完全回位挡纸。

（6）递纸要求

① 两吸嘴同时吸纸，两边等速递纸，递纸不歪斜。

② 递纸速度等于或稍大于接纸辊线速度，两者交接时不抢纸。

③ 递纸吸嘴与接纸轮要存在共同控纸时间，纸不能失控。

④ 挡纸牙不阻挡所递纸张。

⑤ 递纸返回时递纸嘴不刮碰所递纸张。

4. 接纸机构

（1）作用

把送纸机构送来的纸张转送给输纸机构。

（2）组成及其作用

① 接纸辊。又称送纸辊或导纸辊，连续回转运动。

② 接纸轮。又称送纸轮或导纸轮，上下摆动，有 2 个。

（3）接纸轮工作过程

图 2－21 为接纸机构与工作原理图，由凸轮通过调节螺钉 5 控制装有接纸轮的摆杆 7 绕支点 O_1 上下摆动，接纸辊连续回转运动。

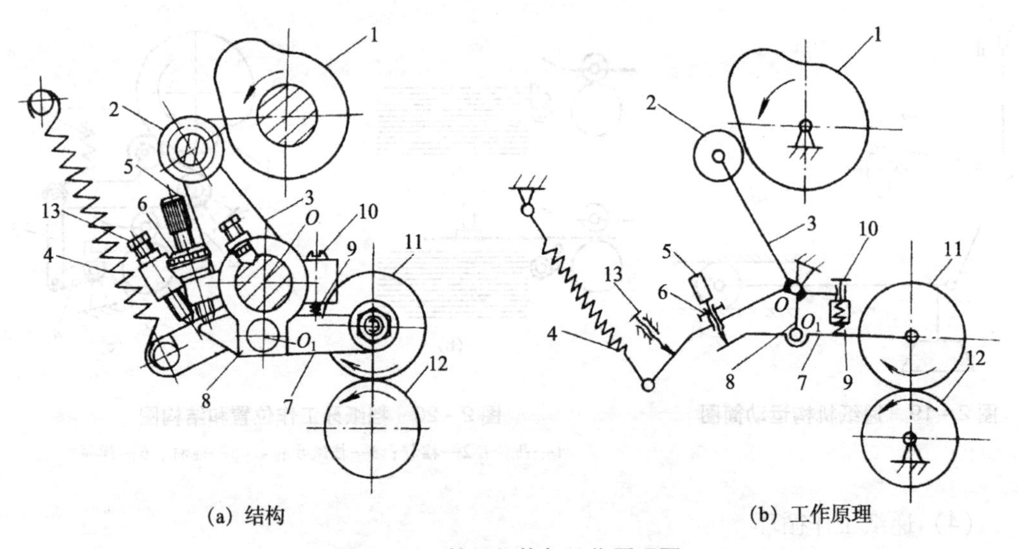

图 2－21 接纸机构与工作原理图

1—凸轮；2—滚子；3—摆杆；4—拉簧；5—调节螺钉；6—锁紧螺母；7—摆杆；8—支撑座；9—弹簧；10—调节螺钉；11—接纸轮；12—接纸辊；13—定位螺钉

（4）接纸工作循环

接纸轮上抬⟶纸送过接纸辊⟶接纸轮下压接纸⟶递纸嘴放纸⟶纸送入输纸机构⟶循环。

（5）调节

接纸轮位置：纸边 1/5 处，对称分布。

接纸时间要求：递纸嘴放纸时要接纸；两个接纸轮要同时接纸。接纸早，输纸快；接纸晚，输纸慢。不同时接纸易产生歪张，也可用于纠正歪张。

（6）接纸要求

两接纸轮同时接纸，纸不歪斜。如果输纸歪斜，也可少量调节接纸轮接纸时间，纠正输纸歪斜现象。

5. 输纸机构

（1）作用

把接纸机构送来的纸张输送给定位系统。输纸方式有普通线带传送方式与吸气带传送方式两种。

（2）线带传送方式

线带轴。为主动轴，表面一般加工有花纹，连续回转运动。

线带从动轴。为被动轴。

线带。4～8 根，有布带与胶带等多种，传送纸张作用。

压纸轮。压住纸张不让纸张在线带上滑动，有多个。

定位毛刷轮。防止纸张反弹。

输纸板。为木板，起支撑作用。

线带路线。如图 2－22 所示。

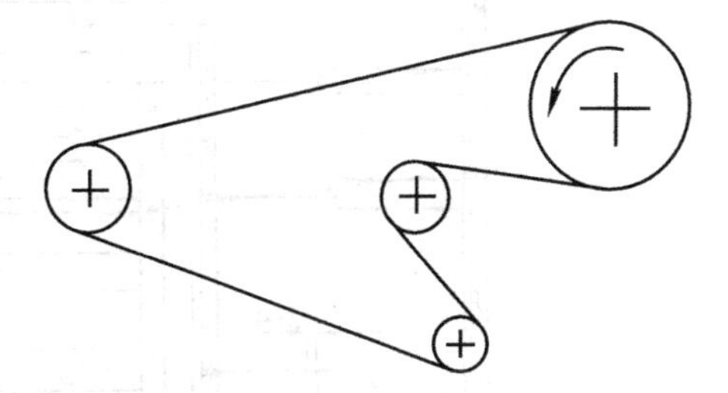

图 2－22　线带路线图

① 带传动要求

a. 带的张力要适当。过大带易断，过小带易打滑，输纸不稳定。

b. 带接口要平整。否则带运转时会产生跳动。

c. 带传送不能打滑。可增大线带包角、提高带的张力、增大摩擦系数来实现。

② 调节

a. 带张力。一般从带中部提起高度判断。

b. 压纸轮。位置对称，轮间距小于纸宽。压力适当，过大，输纸不平整。最前边的压纸轮应距定位纸尾处约 5～10mm。

c. 毛刷轮。一般在定位纸尾相切处，这关系纸定位性能。印刷厚纸可顶住纸尾并压力大些，以防止纸张反弹。印刷薄纸可稍后退些并压力小些，以防纸张走过头。

d. 线带位置。对称靠纸两边排列，不能平均等分排列，一般要求中间两带间距为旁边带间距的 2 倍。

图 2－23 为线带与压纸轮分布图。

（3）吸气带传送方式

吸气带传送方式用吸气带取代普通线带，目前有一根宽带或两根窄带形式，一根宽带不容易产生输纸歪张，输纸效果较好。吸气带下面为吸气室，纸靠吸气与带保持相对静止，吸纸力衡定。纸张进入定位位置后，线带仍有推力使纸稳定定位，但并不影响输纸与侧规拉纸。输纸板上没有了压纸轮。

吸气带传送方式使输纸板上变得干净，输纸更加稳定可靠，纸张定位更加准确，纸张不易反弹，是高速胶印机必选输纸方式。

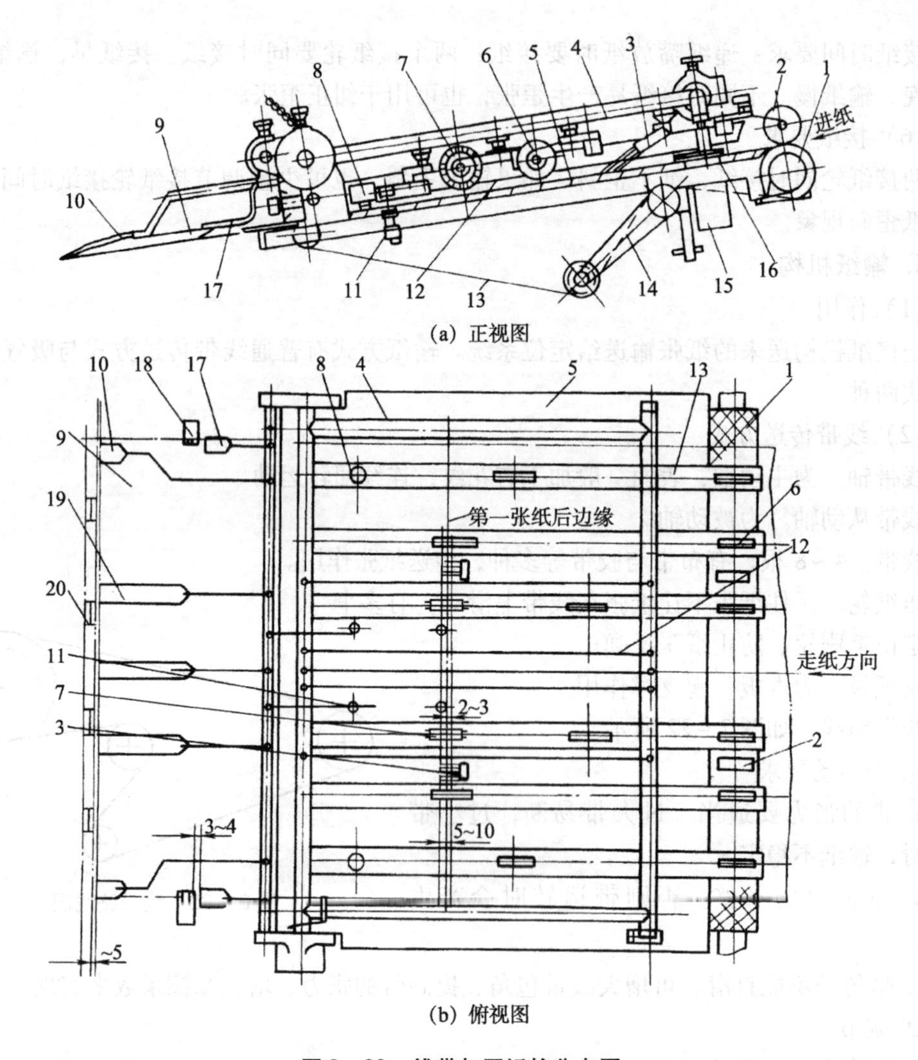

(a) 正视图

(b) 俯视图

图 2-23　线带与压纸轮分布图

1—接纸辊；2—接纸轮；3—平毛刷；4—压纸轮架；5—输纸板；6—压纸轮；7—圆毛刷；8—压纸球；9—牙台；10—压纸片；11—吸气嘴；12—压纸杆；13—线带；14—线带张紧臂；15—阀体；16—卡板；17—侧规压纸片；18—侧规；19—前规压纸片；20—前规

图 2-24 和图 2-25 为吸气带输纸机构。

(4) 输纸缓冲（减速）机构

输纸缓冲（减速）机构的作用是减轻高速输纸对前规的冲击，当纸快接近前规时，减缓输纸速度。此机构只在高速机上采用。

① 独立式输纸减速机构。线带作匀速运动，纸张减速由减速机构实现。

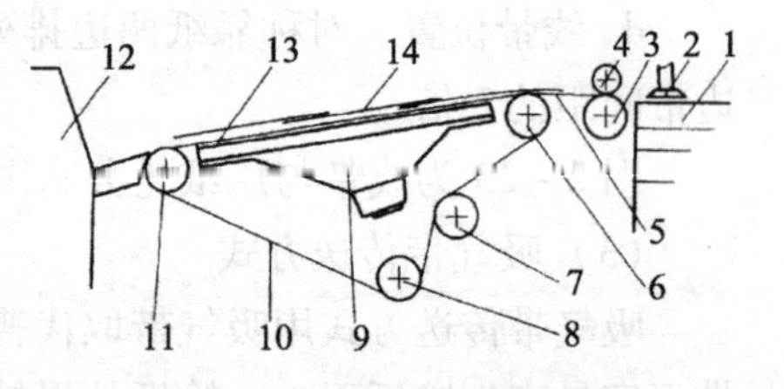

图 2-24　吸气带输纸机构侧面图

1—纸堆；2—吸嘴；3—接纸辊；4—接纸轮；5—过桥板；6—吸气带驱动辊；7、8—带张紧轮；9—吸气室；10—吸气带；11—传送带辊；12—印刷部分；13—输纸板；14—纸张

图 2-26 为前挡规减速机构运动简图。

② 输纸变速机构。线带辊作变速运动，当纸快接近前规时线带减速，当纸远离前规时线带加速运动，但平均速度不变。

图 2－27 为齿轮变速机构图。图 2－28 为齿轮变速机构工作原理图。

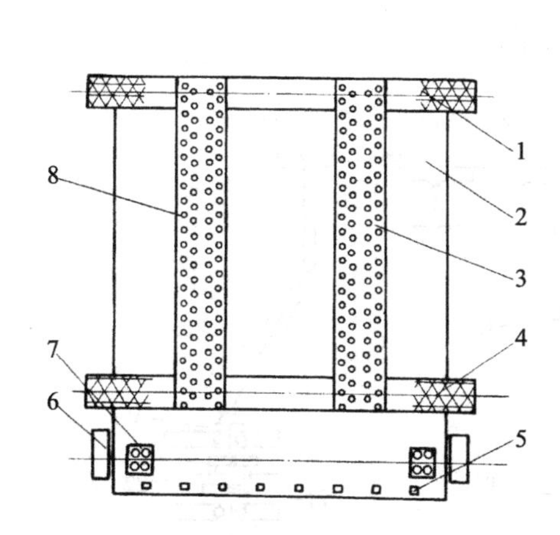

图 2－25　吸气带输纸机构平面图

1—带驱动辊；2—输纸板；3—吸气带；4—传送带辊；5—吹气口；6—侧规；7—吸气轮；8—吸气带孔

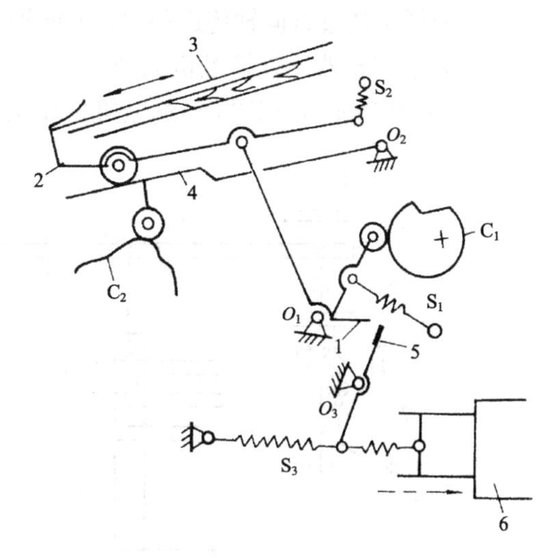

图 2－26　前挡规减速机构运动简图

1、5—摆杆；2—前挡规；3—纸张；4—导向板；6—电磁铁

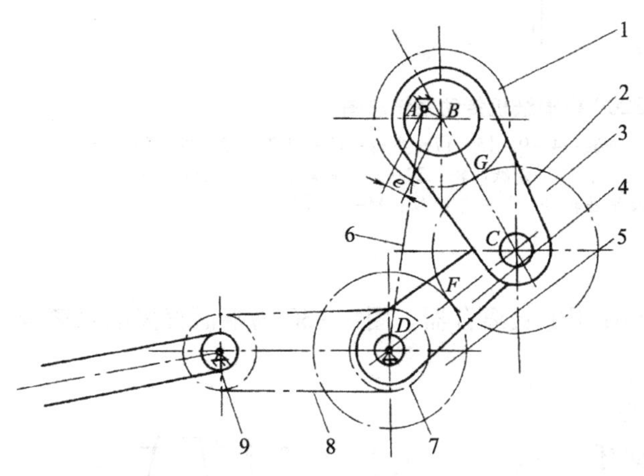

图 2－27　齿轮变速机构图

1—偏心齿轮；2—连杆；3、5—齿轮；4—摆杆；6—机架；7—链轮；8—链条；9—带驱动辊

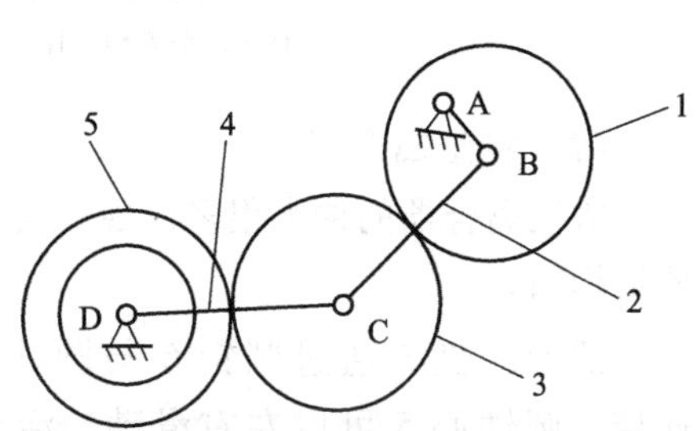

图 2－28　齿轮变速机构工作原理图

1—偏心齿轮；2—连杆；3、5—齿轮；4—摆杆

变速原理如下：齿轮 1 绕支点 A 作匀速回转运动，齿轮 1、3 间通过连杆 2 连接，从而保证齿轮的正常啮合传动。因齿轮 1 为偏心齿轮，那么齿轮 1 与齿轮 3 啮合点为变速运动，也就是说齿轮 3 作变速回转运动。

（5）输纸要求

① 纸与线带相对静止。

② 各线带速度一致，线带不打滑。

③ 传纸不歪斜、不变形。

6. 传动系统

（1）主要特点

① 主机动力通过链条传送给输纸机。
② 分纸头通过万向轴传送动力，万向轴可改变动力传送方向，便于分纸头前后移动。
③ 通过离合器实现输纸机的开与停。
图 2－29 所示为 SZ206 型输纸机传动系统总图。

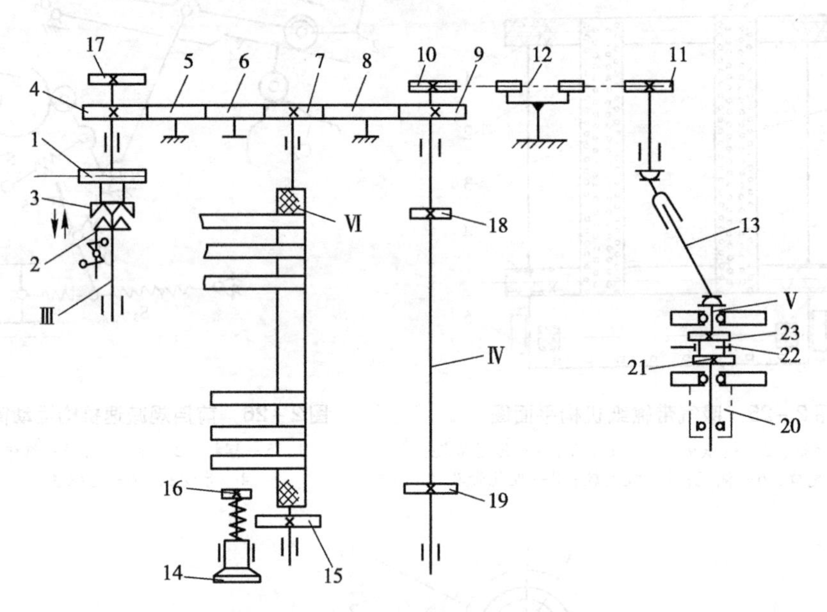

图 2－29　SZ206 型输纸机传动系统总图

1、10、11—链轮；2—滑动牙盘；3—离合器；4～9、15～17—齿轮；12—链条；13—万向轴；14—手轮；18、19—接纸凸轮；20—气阀；21—分纸凸轮；22—送纸凸轮；23—压脚凸轮；Ⅲ—离合器轴；Ⅳ—接纸凸轮轴；Ⅴ—分纸轴；Ⅵ—线带轴

（2）输纸离合器

输纸离合器的种类很多，现一般都使用电磁离合器。图 2－30 为端面直齿电磁离合器结构图。

活动牙盘 3 通过圆销 6 与圆铁心 5 连接，圆铁心 5 可以左右滑动，活动牙盘 3 右端嵌在圆盘 2 中，活动牙盘 3 左端在圆周方向有直齿。当线圈 8 通电时圆铁心 5 被磁力吸引向左移动，从而可使活动牙盘 3 与固定牙盘 7 啮合（输纸开），实现动力传输，当线圈 8 断电后在弹簧 9 的作用下活动牙盘 3 与固定牙盘 7 脱开（输纸停）。

牙盘的齿形大多为梯形，只能单向传送动力，反向不能传送，以保证输纸机的单向运转特性。

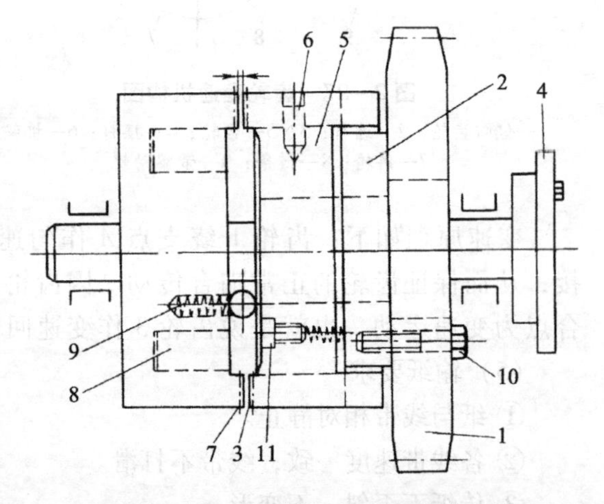

图 2－30　端面直齿电磁离合器

1—链轮；2—圆盘；3—活动牙盘；4、10、11—螺钉；5—圆铁心；6—圆销；7—固定牙盘；8—线圈；9—弹簧

（3）主机与给纸机的时间关系调节

① 时间关系的概念与要求

时间关系指运动机件之间的相对位置关系。一般讲输纸时间调节就是指给纸机与前规之间的时间关系调节，也就是说当前规到达挡纸位置时刻，纸张距前规的距离是多少。

当前规到达挡纸位置时，纸应距前规 6～8mm，过大，输纸易走不到位；过小，纸易冲过前规。

② 相关俗语与称呼

纸张过早到达前规处：早到，超前，越位，输纸快，时间快。

纸张过晚到达前规处：晚到，不到位，落后，输纸慢，时间慢。

③ 调节

粗调方法：

a. 脱开链条法。即脱开主机与给纸机的传动链条后进行调节。

b. 脱开中间齿轮法。即脱开飞达传动面的中间齿轮后进行调节。

c. 脱开螺钉法。即脱开专用的时间调节轮的固定螺钉后进行调节，这种方法最常用。

粗调就是完全切断主机与给纸机的运动连接后进行调节，调节量不受限制。

微调方法：长孔齿轮调节法。

图 2－31 为长孔齿轮式时间调节装置。一般在离合轴的端面传动齿轮 3 上开有两个或三个长孔，长孔对应有紧固螺钉 2，松开所有的紧固螺钉后即可进行调节，调节完毕再拧紧螺钉即可。

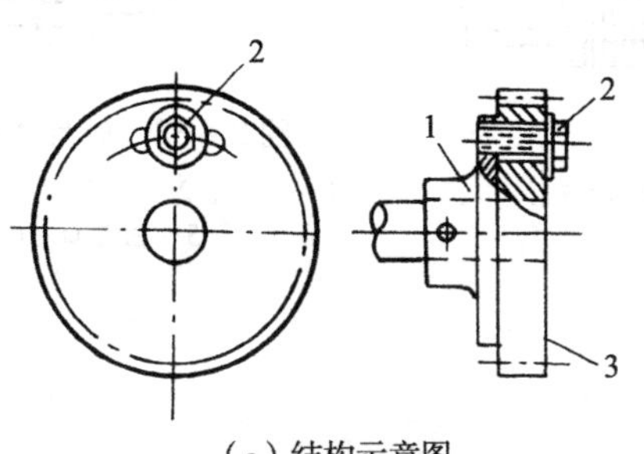

（a）结构示意图

（b）实物图

图 2－31　长孔齿轮式时间调节装置

1—法兰盘；2—紧固螺钉；3—传动齿轮

调节程序（长孔齿轮调节法）：

a. 先开机开飞达输纸。

b. 纸过前规后停机（不停飞达）。

c. 点动机器缓慢输纸直到前规到达挡纸定位位置时停止点动（也可根据度数确定）。

d. 判断纸距前规的距离。

e. 松开紧固螺钉（要注意防止输纸机转动，可用手拉紧手轮后松螺钉）。

f. 如果输纸快可通过反转飞达手轮使纸与前规距离达到正常值或正点机器相应度数，如果输纸慢则只可通过正转飞达手轮使纸与前规距离达到正常值，不可反点机器来调节。

g. 紧固螺钉（同理也要用手拉紧手轮）。

7. 气路系统

(1) 气泵的分类与工作原理

气泵可分为活塞式气泵和叶片式气泵两种，活塞式最简单的例子就是打气筒。叶片式气泵是依靠叶片旋转产生气流的，根据润滑情况的不同又分为无油泵和油润滑泵，无油泵是指用石墨做叶片，不用加润滑油，叶片寿命短，摩擦大，温度高，气体不带油。油润滑泵是指用钢片做叶片，叶片寿命长，吹气有油，要增滤油器。油润滑泵可以增加卸荷环（铜环）来减轻摩擦，提高使用寿命。印刷机主要使用叶片式气泵。下面介绍叶片式气泵的结构与工作原理。

图2-32为叶片式气泵外形图，图2-33为叶片式气泵工作原理图。气泵转子由马达驱动，转子上装有可以径向移动的叶片，当转子高速转动时叶片在向心力的作用下被甩向气缸内壁并与之接触，从而各叶片之间就形成了大小不同的气室，并且各气室从进气口处逐渐增大，当增至最大后又逐渐向排气口缩小，从而形成连续不断的吸气与排气过程。

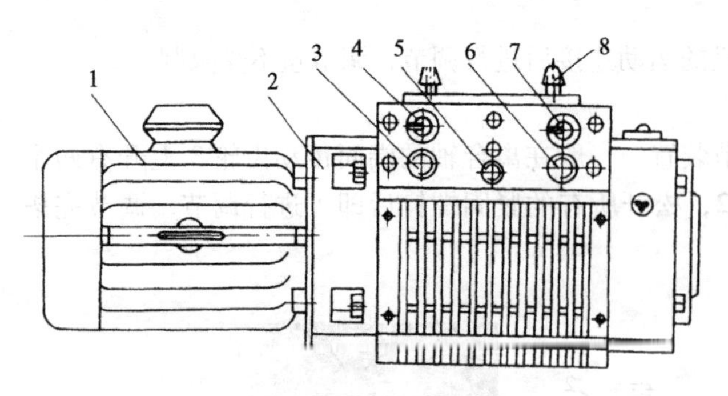

图2-32 叶片式气泵正面外形图

1—电机；2—风扇；3—吹气口；4、7—气量调节阀；5—补气口；6—吸气口；8—过滤器旋钮

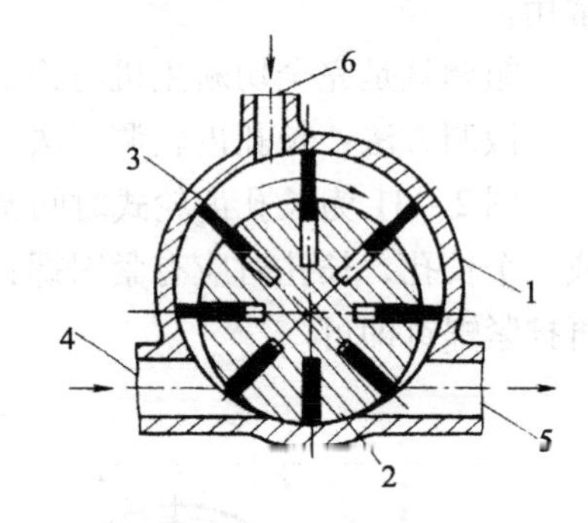

图2-33 叶片式气泵工作原理

1—泵体；2—转子；3—叶片；4—进气口；5—出气口；6—补气口

补气。增大吹气量，对吸气无影响。

(2) 气路系统的组成及其作用

① 气泵。除气缸与转子外，还有过滤器，过油器，调节阀等部件。

② 气路开关。通断总气路，由按钮通过电气控制。

③ 气体分配阀。按时序通断气路，圆柱体上开槽实现，连续旋转。

④ 气量调节阀（4个）。改变气路开口面积以调整气量大小。

8. 输纸检测控制装置

(1) 双张检测器

双张检测器的作用是检测输纸双张及多张，控制输纸机停止输纸。可分为机械式和光电式两大类。机械式最为常用，结构简单，检测可靠，一般装在接纸辊或布带辊上。光电式结构复杂，可靠性差，不单独使用，一般装在输纸板靠近牙台处。

① 双滚轮式双张控制器的结构与工作原理如图2-34所示，检测轮被纸张带动而旋转，当出现双张时，检测轮被纸张顶起与感应轮接触，从而带动感应轮转动，感应轮上的销轴上升拨动弹片使微动开关接通控制输纸停。其特点是结构简单，调节方便，性能

稳定，广泛应用，是双张控制器的主要形式。

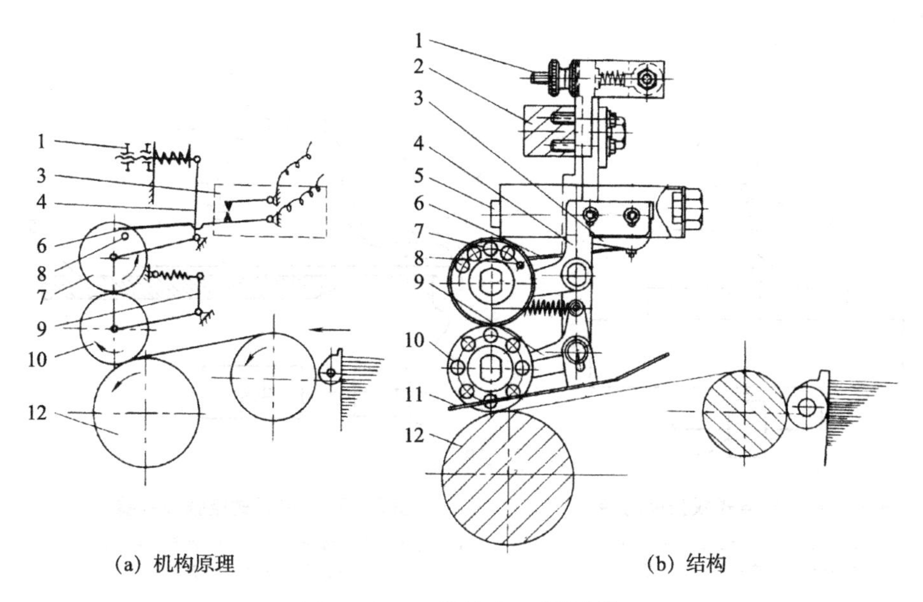

图2－34　双滚轮式双张控制器

1—调节螺钉；2—方拉轴；3—微动开关；4—摆杆；5—指示灯；6—弹簧片；7—感应轮；8—销轴；9—拉杆；10—检测轮；11—导板；12—布带辊

现规定：

X 表示布带辊或接纸辊。

Y 表示检测轮。

Z 表示感应轮。

调节要求：

XY 间垫 2 张纸，YZ 不接触。

XY 间垫 3 张纸，YZ 接触。

XY 间不垫纸，2 张纸厚 < YZ 间隙 <3 张纸厚。

② 光电式双张控制器的结构与原理如图 2－35 所示。放大电路参数可根据纸的透光率调整，以适应不同厚度的纸张印刷。其特点是检测头易堵塞，灵敏度不高，对彩色敏感，一般与其他双张控制器合并使用。

（2）空歪张控制器

空歪张控制器的作用是检测输纸空歪张，控制输纸停、离压、停水、停墨、递纸牙停止递纸、降速等。可分为电牙式和光电式两大类。电牙式（电触点式）的电路简单，触点易损坏，可靠性差，精度不高，不常用。光电式的电路复杂，易堵塞，工作可靠，广泛应用，是主要形式。

① 电牙式空歪张控制器的结构与原理如图 2－36 所示，J2108 机采用。动触点 2 随前规一起摆动，并随机器接地。静触点 3 接电源，通电时间由磁开关 6 控制。前规下摆挡纸时触点 2 靠向触点 3，如有纸（输纸正常）则电路被纸断开不能接通，如无纸（输纸空张）则电路接通，然后通过电路控制印刷机产生输纸停等一系列动作。电牙有两个，左右各一个，当任一个检测到无纸时即产生控制动作，从而实现歪张检

测。其特点是电牙易磨损与损坏，可靠性差，电牙有时还会阻止纸张前进，不利于纸张定位。

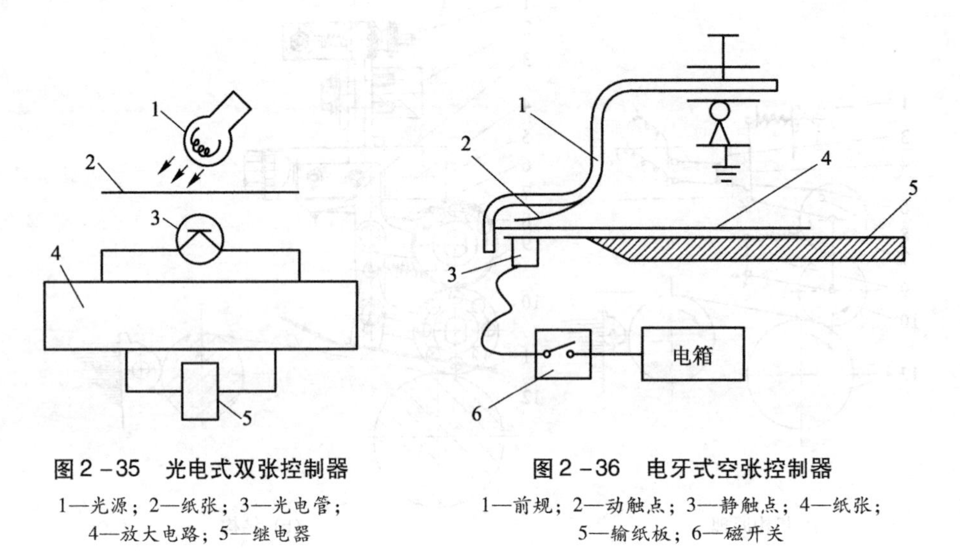

图2-35 光电式双张控制器

1—光源；2—纸张；3—光电管；4—放大电路；5—继电器

图2-36 电牙式空张控制器

1—前规；2—动触点；3—静触点；4—纸张；5—输纸板；6—磁开关

检测时间：什么时间对纸张进行检测。因为正常印刷总是前规先于纸张到达挡纸位置，当前规到达挡纸位置时，电牙触点已经接通，这时是不能检测的（磁开关6不能导通）。只有当纸完全定位后才能进行检测，一般可安排在侧规刚拉纸时检测，本例中也就是控制磁开关6的接通时间。

② 光电式空歪张检测器习惯上统称为电眼，其光源采用可见光或红外线，可见光因受外界光影响大，故现较少使用，现大多为不可见光做光源。纸张作为反射物，属被检测对象。接收器一般为光敏元件如光敏管。

电眼工作原理如图2-37所示。纸张为反射物，光孔1、3为发光二极管，光孔2、4为接收光电管。光孔1、2为纸晚到检测器，光孔3、4为纸过头检测器。工作原理如下：

发光二极管发射红外光投射到纸面后反射到接收光电管上为正常印刷，当接收光电管接收不到光信号时即发出控制信号控制机器产生输纸停等动作。电眼的位置可前后调节以适应前规前后位置调节的需要，检测点应与纸到位位置相配合。

有的电眼上有两组检测孔，1、2为一组用于检测空歪张，3、4为一组用于检测纸

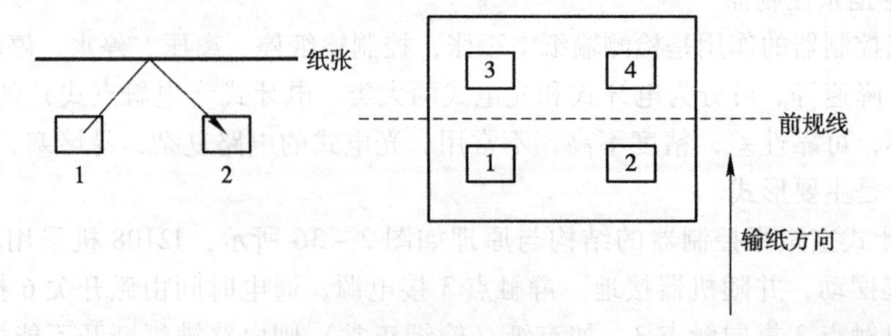

图2-37 电眼工作原理

1、3—光源孔；2、4—光敏管孔

越位。

电眼一般使用2个，对称分布，采用并联电路，只要一个检测到故障即控制机器产生动作，故可检测歪张。

（3）纸越位控制器

纸越位控制器的作用是检测纸越位，控制机器急停。

纸越位控制器的工作原理同空歪张检测器，只不过是控制逻辑相反，当光敏管接收到光信号时产生控制动作。一般空歪张控制器与纸越位控制器做在一个检测头上。纸越位控制器要超前空歪张控制器，并越过前规线（如图2－37中3、4）。

9. 输纸故障

输纸故障包括双张，空张与歪张三种。下面分别分析其产生原因与处理办法。

（1）双张

输纸产生双张或多张的原因很多，应具体情况具体分析，以下是一般的检查顺序与处理方法。

① 挡纸毛刷或挡纸片挡纸过少

正常挡纸量为5～8mm，在不超上限值条件下可适当增加。

② 压脚踩纸太少

正常踩纸量为8～12mm，在不超上限值条件下可适当增加。

③ 纸堆过高

纸堆叼口边高度应低于前挡纸牙5～8mm，在不超限值条件下可适当调低。

④ 递纸吸嘴太低

正常位置为：递纸时递纸嘴离开纸堆10mm以上，吸纸时能接触到纸面即可。

⑤ 分纸吸嘴吸风量太大

吸纸时纸张严重变形，易吸起双张，可适当调小些。

⑥ 纸张粘连

检查白料切口是否粘连。

检查印张之间是否粘连。由于前一印次滴水或者油墨过大等原因都可能造成印张间粘连。

⑦ 纸张带静电

晾纸处理。

增大环境湿度。

⑧ 纸堆前后方向不整齐

纸叼口边折起来，纸装过头或装纸不齐，在印刷过程中会造成压脚踩纸太少而导致双张。重新装齐纸张。

⑨ 纸拖梢边上翘

反面敲纸。

增加压脚踩纸量。

增加挡纸毛刷挡纸量。

⑩ 纸张太薄

使用小橡皮圈。

减少吹风量与吸风量。

挡纸毛刷调低些。

增加分纸吸嘴与纸面的距离。

增加压脚踩纸量。

（2）空张

空张与双张正好相反，许多地方同双张反向调节，输纸产生空张的原因很多，应具体情况具体分析，以下是一般的检查顺序与处理方法。

① 挡纸毛刷挡纸太多

正常挡纸量为5～8mm，在不超上限值条件下可适当减少。

② 压脚踩纸太多

正常踩纸量为8～12mm，在不超上限值条件下可适当减少。

③ 纸堆太低

纸堆叼口边高度应低于前挡纸牙5～8mm，在不超限值条件下可适当调高。

④ 分纸吸嘴吸力不足

吸纸时漏气。

吸纸提升速度慢造成压脚踩住吸起的纸张而形成空张。增大吸气量或更换气泵。

⑤ 递纸吸嘴太高

正常距离为递纸吸嘴到达最低点时要能接触到纸面。

⑥ 纸堆与分纸吸嘴距离太高或太低

正常距离为分纸吸嘴到达最低点时要接触纸面。距离太高，吸不起纸张；距离太低，会造成压脚踩住吸起的纸张，不能递纸而空张。

⑦ 分纸吸嘴太靠后

吸纸时橡皮圈超出纸边而漏气，吸不住纸张。

⑧ 纸张未装到位

造成部分纸张踩纸过多形成空张。

⑨ 纸张带静电

晾纸处理。

增大环境湿度。

⑩ 纸张拖梢向下卷曲

反面敲纸。

增加分纸嘴吸风量。

增加分纸吹嘴吹风量。

调低分纸吸嘴与纸堆的距离。

⑪ 纸张太厚

使用大橡皮圈。

增大吹风量与吸风量。

挡纸毛刷调高些。

减少分纸吸嘴与纸面的距离。

减少压脚踩纸量。

(3) 歪张

产生歪张的原因很多，具体情况要具体分析，根据产生的部位不同，一般可分为分纸时的歪张、送纸时的歪张、输纸时的歪张与定位时的歪张，所有的不对称、不同时因素都可能造成歪张，下面是常见原因。

① 递纸嘴高低不一致或吸力相差大，造成一先一后形成歪张。

② 输纸线带松紧不同，造成不等速输纸形成歪张。

③ 接纸轮接纸时间不一致，先接纸的一边快于后接纸的一边。

④ 输纸板上压纸轮压力太轻，纸叼口边进入压纸轮时纸后退形成歪张。

⑤ 线带陈旧光滑，造成带速不一致形成歪张。

⑥ 接纸轮与递纸嘴时间配合不当形成歪张。

正常为递纸嘴让纸时，接纸轮应同时接纸或提前接纸 10mm。当递纸嘴让纸后接纸轮还未接纸，会造成纸自由飘移形成歪张。

⑦ 纸堆歪斜，装纸不正形成。

⑧ 输纸过程中造成纸堆表面纸张歪斜不正。

⑨ 吹风量不合适或纸堆不平造成，调节风量及纸堆形状，纠正纸面形状。

三、收纸部分

1. 基本组成

收纸系统组成如图 2－38 所示，其中图（a）、图（b）为两种不同胶印机的收纸系统。收纸系统主要由以下部件组成。

① 收纸滚筒。

② 收纸链条与导轨。

③ 齐纸机构。

④ 纸台升降机构。

⑤ 纸张减速机构。

⑥ 喷粉与干燥装置。

⑦ 辅助系统。包括空气导纸系统，纸张平整器。

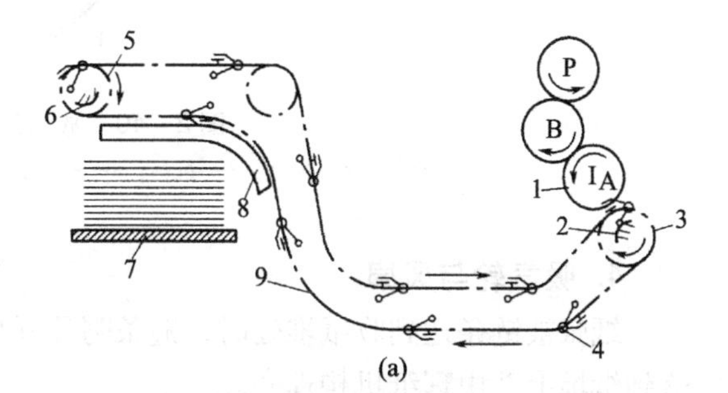

(a)

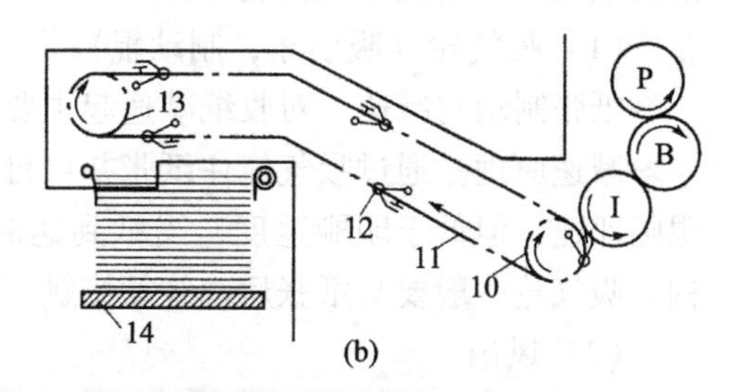

(b)

图 2－38 收纸系统

1—压印滚筒；2、6—开牙板；3、10—主动链轮；4、12—叼纸牙排；5、13—从动链轮；7、14—收纸台；8—导板；9、11—链条

2. 链条松紧度调节

太松。运行噪声大。

太紧。链条磨损快。

链条伸长特性。链条长时间运行，链节磨损，节距增大，链条会伸长，链条变松。

调节。一般在收纸处都有调节装置，通过拉动链轮来实现。图 2－39 为一种链条松紧调节机构。转动调节螺母 7 使拉杆 6 在机架 3 中左右移动，从而拉动轴 4 移动，再由轴 4 带动固定在其上的链轮 5 移动。机器两侧各有一个链轮，其调节原理相同。

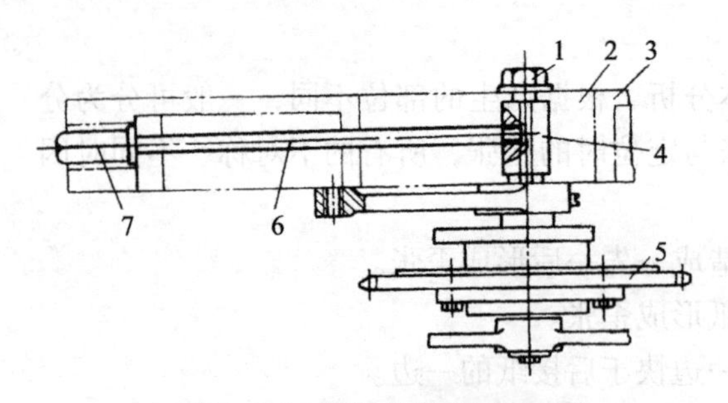

图2-39 链条松紧度调节机构

1—固定螺钉；2—长槽；3—机架；4—轴；5—链轮；6—拉杆；7—调节螺母

3. 放纸时间调节

放纸时间即叼纸牙在收纸台处开牙的时间。开牙时间的早晚与收纸效果有很大关系。

过早开牙。纸走不到位，纸落后收不齐。

过晚开牙。纸走过头，纸会冲击后挡板甚至飞出。

调节。一般都可通过手轮或手柄移动开牙板的开牙位置来实现。印刷速度不同其位置也应不同，印刷速度快，纸速也快，开牙应早些，印刷速度慢开牙应晚些。图2-40为一种收纸装置放纸时间调节机构。开牙板套在链轮轴上可以链轮轴为支点转动。转动调节螺母7可使长杆6左右移动，带动摆杆5绕支点 O 转动，使装在摆杆5的另一臂上的销轴3上下摆动，从而驱动固定在开牙板上的长槽4摆动，最终带动套在链轮轴上的开牙板右端上下摆动而改变开牙位置。开牙板右端上移，开牙时间晚，相反则早。

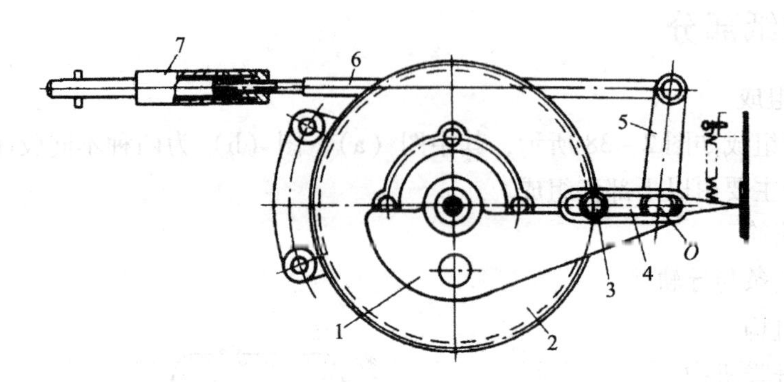

图2-40 放纸时间调节机构

1—开牙板；2—链轮；3—销轴；4—长槽；5—双臂摆杆；6—长杆；7—调节螺母

4. 吸气轮与风扇

纸张被链条送到收纸堆处时，链条叼牙开牙放纸，然后纸张被吸气轮拖住减速后滑落到纸堆上并由理纸机构理齐。

（1）吸气轮（吸引车，制动辊）

纸张制动与减速，对收纸减速起主要作用。

减速原理。通过吸气拖住纸张并可自主转动，其转动由直流电机驱动，转速可自动跟随印速，但低于印刷速度，当纸到达时开始转动并吸气。图2-41为吸气轮减速机构。吸气轮一般要与纸张后边缘相接触。

（2）风扇

在收纸台上方装有多个风扇，通过吹风快速把纸张压向纸堆。高速印刷时采用。图2-42为风扇吹风机构。风扇4往下吹风，把纸快速压向纸堆。

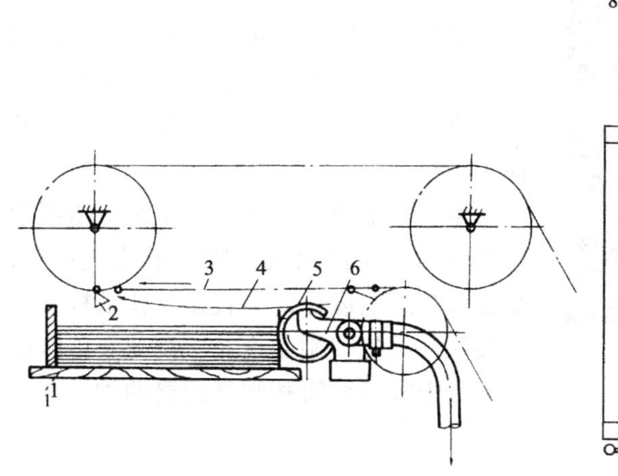

图2-41　吸气轮减速机构

1—收纸台；2—叼牙；3—收纸链条；4—纸张；5—吸气轮；6—风管

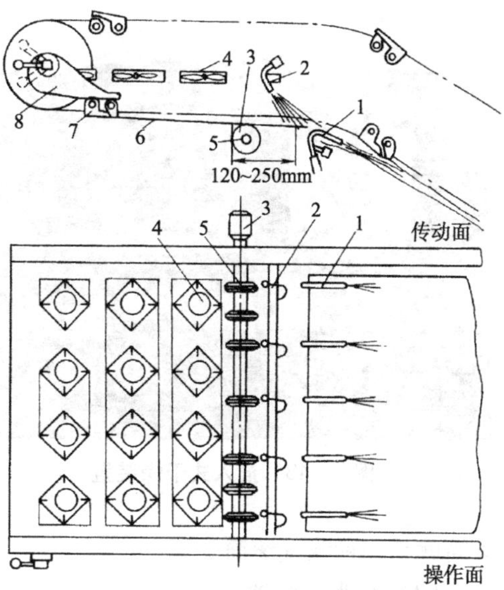

图2-42　风扇吹风机构

1—吹风头；2—吹风嘴；3—电机；4—电风扇；5—滚轮；6—纸张；7—收纸牙排；8—开牙板

5. 喷粉与干燥装置

(1) 喷粉装置

喷粉作用。对防止印刷品粘脏有一定作用，但喷粉过大会产生其他反作用，应适当控制。

工作原理。先把粉末用气吹成粉尘后输送到纸张经过的线路处喷出。

缺点。粉末残留在印刷品表面会影响印刷品光泽度。

(2) 干燥装置

① UV 干燥

UV 干燥先采用 UV 油墨进行印刷，然后采用紫外线照射印刷品上的油墨层使 UV 油墨立即固化的方式。UV 灯一般加装在各印刷单元之后的纸路中，也可只在最后印刷单元加装 UV 灯，但后者多色印刷油墨叠印效果受一定影响。UV 灯一般使用高压汞灯，功率一般选用 80～160W/cm。灯罩采用铝制反射器，并采用抽风排气装置对灯管进行冷却与抽风。这种干燥方式干燥速度最快，在 UV 光照射后能马上干燥，可立即进行后色印刷或印后加工，并且油墨成膜质量也较好，但只对 UV 油墨干燥有效，对其他油墨干燥无效，专用于 UV 印刷的干燥方式，成本较高。随着 UV 印刷的广泛应用，UV 干燥也越用越多。

② 红外线干燥

红外线干燥采用发射红外线的石英灯管作为辐射光源，把红外线直接投射到印刷品表面，油墨吸收红外线能量后转变成热能使油墨快速干燥。这种干燥方式较安全，实现起来简单方便，容易操作，干燥速度也有所提高。适用范围广，普通印刷可采用。

很多胶印机对 UV 干燥装置与红外线干燥装置都可选配并采用插入式安装方法，简

图 2－43　插入式干燥装置

单方便，如图 2－43 所示。

6. **辅助装置**

（1）空气导纸系统

纸张在滚筒上或链条中传送时，因印刷图文面会碰到滚筒或托纸杆，从而造成印刷图文蹭脏故障，空气导纸系统由此而生。

空气导纸原理。在收纸系统与传纸滚筒上采用，通过吹气或吸气形成气垫层，纸在气垫层上运行，不直接与托纸杆或滚筒接触，可防印刷品拖花、刮花。传纸滚筒可分为吸气滚筒和吹气滚筒两种，气垫滚筒就是一种吹气滚筒。

（2）纸张平整器

因压印时纸张的弯曲会使印张在压印后发生弯曲变形，特别是厚纸，从而造成收纸堆中间隆起现象，故纸张输出时应进行平整化处理。

纸张平整器工作原理：纸张从收纸滚筒传出后通过一条吸气缝使纸向反方向弯曲而达到平整的目的，纸张平整器如图 2－44 所示。

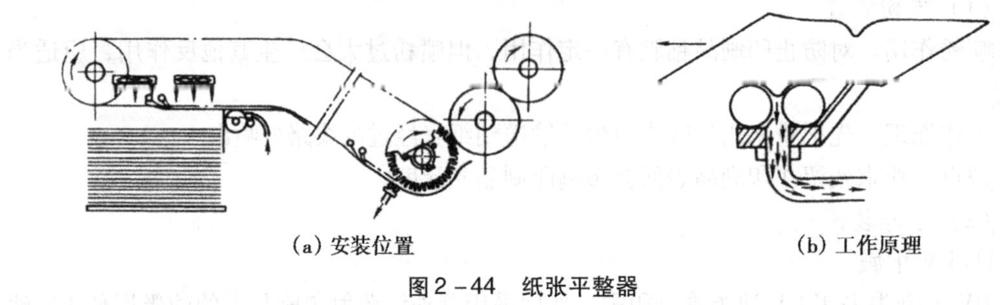

(a) 安装位置　　(b) 工作原理

图 2－44　纸张平整器

项目一：输纸与收纸实训

一、实训目的

熟悉输纸与收纸操作技能，能正确调节双张控制器，能处理输纸与收纸中的常见故障。

二、实训用具

PZ1650 胶印机，四开过版纸 3000 张。

三、实训内容

输纸操作。

输纸机调节并输纸：每位学生输纸 2000 张。

收纸操作：收纸 2000 张。

四、实训过程与要求

（1）先学习输纸操作流程、停止输纸的方法与收纸操作方法。

输纸操作流程：装纸⟶开机⟶升纸堆⟶输纸开⟶开气泵⟶开气路⟶输纸。

停止输纸的方法：按“输纸停”、“关气泵”、“关气路”。根据需要采取其中一种，如果想立即停止输纸，就必须按“输纸停”键，不能按其他键。关气泵与关气路的方法只适用于正常输纸停情况，如果遇输纸故障或紧急情况需要停止输纸，应立即按“输纸停”，不能按“停机”键。紧急停机并不能实现立即输纸停目的。

收纸方法与收纸机构调节：调节吸气轮位置，让吸气轮边沿靠近纸后边沿。调节齐纸板位置，让齐纸板能顶到纸边。调节风量，让吹风大小与印刷速度相匹配，速度快吹风调大些，确保收纸到位。调节开牙板位置，让收纸牙开牙放纸时间恰当，速度快开牙早些，根据收纸效果进行调节。总之，要确保收纸整齐，不出现乱张现象，对偶尔出现的乱张能进行人工处理与调整，使收纸顺利进行。同时，教会学生从收机台上取样的操作方法，打开后挡纸板，用手接住纸张，当收纸牙排开牙放纸后马上抽出纸张并立即把后挡纸板推回原位。

（2）然后学习分纸头组成、各部件作用与调节方法。

分纸头组成及作用。介绍压脚、挡纸片、分纸吸嘴、递纸吸嘴、松纸吹嘴五大部件。

分纸头调节要求与调节方法。介绍五大部件的调节要求及调节方法。

教师一边讲学生一边练习。采取模拟考试的方法进行练习，教师调乱一个分纸头部件，由学生调正后输纸。练习时安排下一个学生收纸，收完后即练习输纸，谁输纸谁齐纸，轮流进行。

（3）学习接纸机构、双张控制器与输纸板机构的作用与调节。此时学生继续练习分纸头调节。

实训要求：输纸前一定要检查压脚是否能踩到纸堆，压脚踩空，不能按“输纸开”；发现输纸故障要立即按“输纸停”键。从输纸板上取出来的纸张要平整地放到台面上，不能搓成一团。

五、实训操作规程

1. 操作步骤

（1）正常输纸步骤：装纸⟶开机⟶升纸堆⟶输纸开⟶检查调节输纸部

件──→开气泵──→开气路──→输纸──→检查输纸情况──→输纸完毕──→关气泵──→纸输完──→停机。

（2）发现输纸故障（双张、歪张、空张）处理步骤：发现输纸故障──→立即按输纸停──→处理故障──→重新输纸。

（3）纸过头（早到）处理步骤：点动机器──→取出前规及电眼上的纸张──→取出输纸板上的纸张──→重新开机输纸。

（4）纸晚到或歪斜处理步骤：取出歪张直接再按输纸开，也可取出输纸板上的纸张重新输纸。

2. 操作要求

（1）输纸部分调节要求。压脚踩纸约10～12mm，挡纸钢片挡纸约5～8mm，松纸吹嘴能吹松纸边，压脚吹风能吹起纸张，松纸嘴能吹到纸张，分纸吸嘴距纸堆为10～15mm，纸面距挡纸牙约5～10mm。

（2）检查输纸情况包括。检查拉规拉纸情况，拉纸约5mm，每张纸都能拉到位；检查输纸部件，确保输纸正常，无双张、空张、歪张现象。发现异常或者不妥立即调节与纠正，发现故障立即处理。

（3）前规电眼上有纸挡住，印刷机只能点动，不能运转，故当印刷机不能运转时请检查前规处是否有纸屑挡住电眼。

（4）拿走歪张直接输纸，不要移动输纸板上后面纸张的位置，否则再输纸时会产生输纸故障。

六、实训考核

考核方式：教师调乱一个输纸部件，由学生输500张纸，10分钟内完成。

评分标准：发现问题并纠正，输纸正常无故障给5分，没有发现问题扣1分，输纸出现一次故障扣1分，超时未完成给0分。

七、实训报告

要求学生写出《输纸与收纸实训报告》。

项目二：输纸时间调节

一、实训目的

熟悉输纸机与前规之间的时间调节方法，熟悉输纸快慢对纸张周向定位的影响。

二、实训用具

PZ1650胶印机，过版纸若干张。

三、实训内容

输纸时间不合适对纸张定位的影响。

输纸时间调节：每人调一次。

四、实训过程与要求

1. 输纸时间对纸张定位的影响

输纸时间慢，前规到达挡纸位置时，纸张距前规超过8mm，当侧规拉纸时，纸张还未到达前规处，造成纸张周向走不到位，严重晚到时机器认为是空张或歪张而导致输纸停。

输纸时间快，当纸张到达前规定位线时，前规还未到达挡纸位置，纸张冲过前规，造成纸张周向走过位，严重早到时会导致紧急停机。

当输纸经常出现早到或晚到现象，并且走纸正常未见歪张，很可能是输纸时间出了问题，这时应检查输纸时间，正常情况下要求前规刚到达挡纸位置时，纸距前规为6～8mm。

2. 输纸时间检查调节方法

首先检查调节好输纸机构（线带、压纸轮、毛刷轮等），确定输纸正常无问题，因为输纸本身问题也会导致输纸快慢出现变化。然后调节好前规位置，调节好电眼位置，确保前规与电眼位置正常无故障。检测调节程序如下：

输纸──→纸过前规──→停机──→输纸开──→点动走纸──→当前规刚到达挡纸位置时──→检查纸与前规的距离──→不合适──→松开调节轮的固定螺钉──→转动输纸手柄调节──→固定调节轮固定螺钉──→调节完毕。

如果纸与前规的距离大于8mm时，把纸向前调，如果纸与前规的距离小于6mm时，把纸向后调。松开紧固螺钉时，要同时拉紧输纸手轮，以防线带转动。调节时如果调节轮调到尽头，应取下螺钉换一个孔装上去再调节。

3. 教法

教师先把机器时间调快些，输纸看看效果如何，让学生体会输纸时间过快对输纸的影响。然后再把输纸时间调慢些，输纸看看效果，让学生体会输纸时间过慢对输纸的影响。最后由学生分别单独调节输纸时间，让学生掌握调节方法与调节程序，调节时可以前一个同学调快输纸时间，后一个同学调慢输纸时间，或者由教师决定是调快还是调慢，调节量也由教师进行指挥。每次调节量不能太多，要防止调得太多造成输纸不能的情况出现。教师在现场指导与指挥，并同时进行考核与记分。

五、实训操作规程

1. 操作步骤

输纸──→纸过前规──→停机──→输纸开──→点动走纸──→当前规刚到达挡纸位置时──→检查纸与前规的距离──→不合适──→松开调节轮的固定螺钉──→转动输纸手柄调节──→紧固调节轮的固定螺钉──→调节完毕。

2. 操作要求

（1）如果纸与前规的距离大于8mm，把纸向前调；如果纸与前规的距离小于6mm，把纸向后调。松开紧固螺钉时，要同时拉紧输纸手轮，以防线带转动。调节时如果调节轮调到尽头，应取下螺钉换一个孔装上去再调节。以上距离仅供参考，如果机器经常出现早到故障，可适当把输纸时间调慢点，相反，如果机器经常出现晚到故障，可适当把输纸时间调快些，可以不绝对参考上述距离。在印刷过程中，还可参考套规情况进行输纸时间调节。

（2）点动机器时，一定要先让给纸机处于"输纸开"状态，当纸接近前规时，要慢点机器，一边点动一边仔细观看前规位置，当前规到达挡纸位置时就要立刻停止点动。

（3）在松开紧固螺钉时要带手套操作，以防用力过猛导致碰伤。

（4）紧固螺钉一定要拧紧，以防运转时松动。

（5）调节时一定要先判断准方向，不能调错了又反过来调，这样很不准确，甚至越调偏差越大。

（6）调节前先要检查输纸是否正常，检查前规、电眼位置是否合适，输纸时间是否稳定；如果输纸时间不稳定，时快时慢，输纸出现歪张等就不能调节输纸时间，应先检查处理好相应输纸故障再说。

六、实训考核

考核方式：每人按教师要求调节输纸时间一次。

评分标准：发现一处操作错误扣1分，共5分。折合为2.5分。

七、实训报告

要求学生写出《输纸时间调节实训报告》。

1. 简述分纸机构的组成及各部件的作用。
2. 输纸装置是如何控制纸堆高度的？
3. 吸嘴有哪两种，其工作性能有何不同？
4. 简述分纸机构各部件的调节项目与调节要求。
5. 简述送纸机构的组成及作用。
6. 简述递纸吸嘴的调节项目及调节要求。
7. 简述纸堆高度调节的方法与调节要求。
8. 简述接纸轮的调节项目及调节要求。
9. 简述正常输纸的操作程序。
10. 为防止线带打滑，可采用哪些措施？
11. 简述毛刷轮与压纸轮的位置要求。
12. 简述线带的位置要求。

13. 如何调节判断线带张力大小，线带张力过大过小有什么危害？
14. 吸气带相比普通线带输纸有哪些优缺点？
15. 输纸缓冲机构的作用是什么，一般在什么印刷机上采用？
16. 万向轴的作用是什么？
17. 简述输纸离合器的工作原理与工作特点。
18. 什么是时间关系，输纸机与主机的时间关系以什么为依据进行判断？
19. 简述长孔齿轮法调节输纸时间的操作程序。
20. 输纸时间慢为什么不能反点机器来调节？
21. 简述补气孔的作用。
22. 简述分配气阀的作用。
23. 简述叶片式气泵的工作原理。
24. 简述双轮式双张控制器的工作原理及调节要求。
25. 空张控制器的连锁控制动作有哪些？
26. 简述电眼的工作原理及调节要求。
27. 纸越位检测器的作用是什么，其工作原理是怎样的？
28. 输纸常出现双张，应如何检查处理？
29. 输纸常出现空张，应如何检查处理？
30. 输纸常出现歪张，应如何检查处理？
31. 放纸时间早晚对收纸有什么影响？
32. 简述吸气轮与收纸风扇的作用。
33. 胶印机的干燥装置主要有哪些类型？
34. 空气导纸系统的作用是什么？
35. 喷粉是连续进行还是间隔进行，为什么要这样安排？
36. 收纸堆是如何实现自动下降的？
37. 停止输纸的方法有哪些，想要立即停止输纸应如何操作？
38. 为什么在输纸板上拿走歪张时不能移动后面的纸张？
39. 出现输纸故障应如何处理？
40. 输纸时间快慢对输纸定位有什么影响？
41. 调节输纸时间的前提是什么？

任务十三

拉 版

实训指导

拉版的原理与方法

拉版是通过调节版夹位置来改变印版在滚筒上的周向位置的。当印刷品上下方向出现套印不准时，就可通过拉版来纠正。

1. 有关拉版的常用习惯用语

① 叼口。指印刷时被叼纸牙叼住的那一边。

② 拖梢。相对叼口而言，即叼口的对边。

③ 版头。指印版的叼口边。也即先印刷的一边。

④ 版尾。指印版的拖梢边。

⑤ 靠身。也称为挨身，指操作面这一边。当纸叼口朝下放置时即纸的右边。

⑥ 朝外。相对靠身而言，即靠身的相对边。

⑦ 来去、左右。指印刷机的横向，即左右方向。

⑧ 大小、天地、高低、上下。指印刷机的纵向，即前后方向，输纸方向。

⑨ 轴向。指印刷机的来去方向，即左右方向。

2. 手工拉版方法

① 两侧同向拉版。松开对方所有紧版螺钉，拉够后先紧固对方拉版螺钉。拉版时仅拉两端螺钉即可。这种情况拉版最简单。举例：假设某印刷样张需要两边同时拉高（指图文要往拖梢方向拉），如图 2－45 所示，不许动带圈规矩线。拉版程序如下。松开叼口所有拉版螺钉，然后开始拉版（收紧拖梢拉版螺钉），拉版量要与规线差距相适应，收紧叼口拉版螺钉，再收紧拖梢拉版螺钉。

② 单侧拉版。松开对方本端拉版螺钉，只留对方另一端靠边的一个拉版螺钉不松开或稍微松开，然后顶拉版处对角版夹或拉版处版夹一定量后进行拉版（注：顶版后顶版螺钉应返回几下），紧版方法同上。从印版平面上看，顶版方向与拉版方向属同

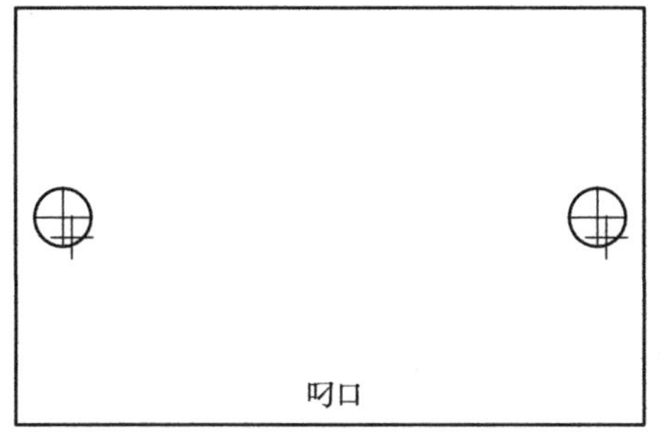

图 2-45　未套准印刷样张

一旋向（都是顺时针或逆时针）。举例：某印刷样张如图 2-46 所示，不许动带圈规矩线，现该如何拉版？松开朝外的拖梢拉版螺钉，留下靠身的一个拉版螺钉不要松，调节叼口靠身顶版螺钉使叼口版夹向朝外移动（顶版量要与规线差距相适应），然后拉版（只拉拖梢朝外边），先收紧所有叼口拉版螺钉，后收紧所有拖梢拉版螺钉。图 2-47 为朝外单边拉高的拉版示意图。拉版时必须要坚持先松后顶最后再拉的原则。如果版拉不动要查清原因，不可强拉。

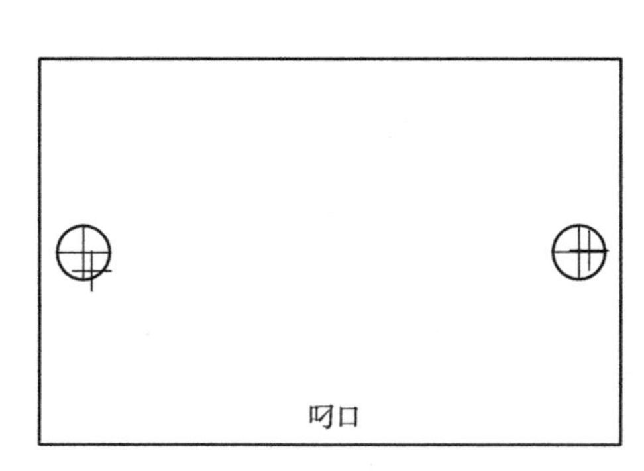

图 2-46　未套准印刷样张

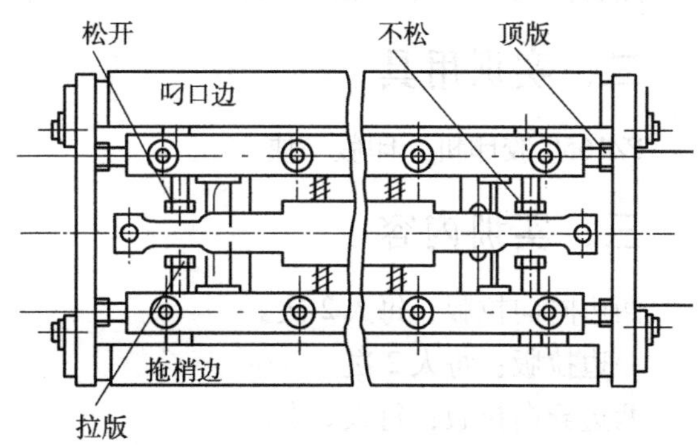

图 2-47　朝外单边拉高的拉版示意图

③ 两侧反向拉版。各端分别拉版，方法同单侧。也可先松开除两边斜对角应拉版的两个螺钉之外的其他所有螺钉，然后拉版，其他操作同前。举例：某印刷样张如图 2-48所示，不许动带圈规矩线，现该如何拉版？拉版示意如图 2-49 所示，保留图中对角两颗拉版螺钉外，松开其他所有拉版螺钉，用图中对角顶版螺钉分别进行顶版，拉完后收紧所有拉版螺钉。

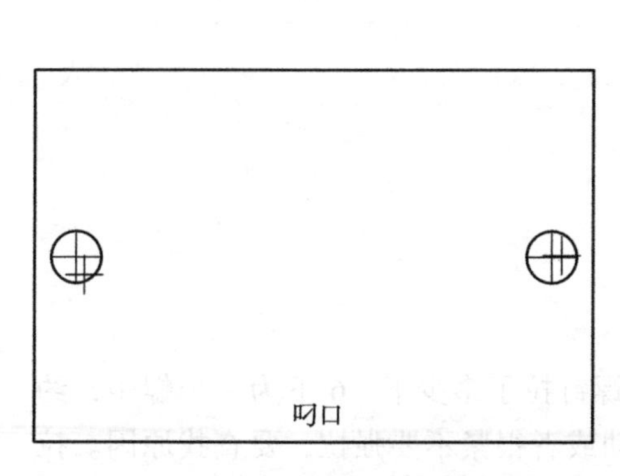

图 2-48　未套准印刷样张

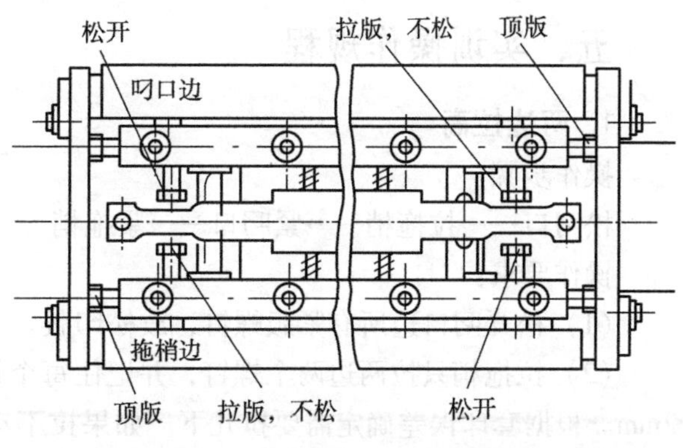

图 2-49　两侧反向拉版示意图

拉版操作

一、实训目的

熟悉拉版的方法与操作技能。

二、实训用具

PZ1650 胶印机，印版一块。

三、实训内容

两边同向拉版：每人 2 次。
一边拉版：每人 2 次。
两边异向拉版：每人 2 次。

四、实训过程与要求

先讲两边同向拉版方法，教师示范，再由学生练习。
然后讲单边拉版方法并示范操作，再由学生练习。
最后讲两边异向拉版方法并示范操作，再由学生练习。
教师在印版上及滚筒上画线，要求学生拉版对准指定的线位。
实训要求：不能拉断拉坏印版。拉不动时要认真分析原因，不要强拉。拉版及顶版一定要搞准方向，不要弄反了。

五、实训操作规程

1. 两边拉高

操作步骤：
松叼口──→拉拖梢──→紧叼口──→紧拖梢。
操作要求：
（1）松开叼口边所有紧版螺钉，放松印版。
（2）拉拖梢只拉两边两个螺钉，并记住每个螺钉拉了多少下。6 下为一个螺距，约 2mm。根据套印误差确定需要拉几下。如果拉不动或者很紧不要强拉，要查找原因。拉版时不要一次性拉够，先预留两下不拉，等紧版时再拉。
（3）紧叼口时要收紧所有拉版螺钉，收紧力度为 2kg，每个螺钉用力要均匀一致。
（4）紧拖梢也要收紧所有螺钉，收紧力度同上且每个螺钉用力要均匀一致。

（5）两边拉低方向与上相反，步骤与要求相同。

（6）版拉不动可能原因。螺钉松的不够，顶版螺钉顶紧版夹，版夹拉到极限位置（版夹已拉到底），叼口版夹锁紧螺钉顶住版夹，印版歪斜严重没有顶版。

2. 靠身拉高

操作步骤：

松叼口——→顶版——→拉拖梢——→紧叼口——→紧拖梢。

操作要求：

（1）松叼口只松两个螺钉，保留朝外一个螺钉不松。

（2）顶版方向：拉什么地方就顶什么地方或者顶它的对角，一般顶一个版夹即可。顶完后，顶版螺钉要退回 2 下。拉多少顶多少，不能顶过多也不能顶不够。一般要拉几下就顶几下。

（3）拉版时只拉靠身一个螺钉，拉版时如果很紧或者拉不动不要强拉，查找原因。拉版计量方法同上。

（4）紧叼口时要收紧所有拉版螺钉，收紧力度为 2kg，每个螺钉用力要均匀一致。

（5）紧拖梢也要收紧所有螺钉，收紧力度同上且每个螺钉用力要均匀一致。

（6）其他只拉一边情况类似操作，步骤与要求相同。

（7）版拉不动可能原因。松得不够，顶版螺钉顶紧版夹，版夹拉到极限位置（版夹已拉到底），叼口版夹锁紧螺钉顶住版夹，没有顶版。

3. 靠身拉高朝外拉低

操作步骤：

松版——→顶版——→拉版——→紧版。

操作要求：

（1）先确定要拉什么地方，凡是不拉的螺钉都要松开，保留需拉的螺钉不松。除靠身拖梢一个螺钉及朝外叼口一个螺钉不松之外，其他螺钉都要松开。

（2）顶版方向。拉什么地方就顶什么地方或者顶它的对角，一般需要顶两个版夹。顶完后，顶版螺钉要退回 2 下。拉多少顶多少，不能顶过多也不能顶不够。一般要拉几下就顶几下。

（3）拉靠身拖梢及朝外叼口，拉不动或者很紧要查找原因，不可强拉，拉版计量方法同前。

（4）收紧所有的螺钉，收紧力度为 2kg，每个螺钉用力要均匀一致。

（5）版拉不动可能原因。松的不够，顶版螺钉顶紧版夹，版夹拉到极限位置（版夹已拉到底），叼口版夹锁紧螺钉顶住版夹，没有顶版。

六、实训考核

考核方式：任抽一种拉版方法进行拉版，时间 5 分钟。

评分标准：操作程序正确，拉版到位，没有故障给 5 分，操作程序错一处扣 1 分，拉版不到位扣 1 分，拉断印版或不能完成的不给分，每超时 1 分钟扣 1 分。

七、实训报告

要求学生写出《拉版实训报告》。

1. 拉版的作用是什么?
2. 印版移动 1mm 需要拉几下?
3. 什么情况下拉版需要顶版?
4. 顶版位置如何确定?
5. 版拉不动的原因有哪些?
6. 单侧拉版时，松版的原则是什么?
7. 如何确定顶版顶多少?
8. 拉版时为什么不能一次拉够?
9. 版拉不动为什么不能强拉?

任务十四

水墨辊拆装与压力调节

实训指导

一、输墨系统的组成、作用与着墨辊压力调节

输墨装置的组成如图 2－50 所示，其中Ⅰ为供墨部分，Ⅱ为匀墨部分，Ⅲ为着墨部分。

1. 供墨部分

供墨部分的作用是供给印刷油墨并控制墨量大小。基本构成为：

① 墨斗片。分为整体式与分段式。整体式指墨斗片为一整块的形式。分段式指墨斗片由许多小片（墨区）组成，各片相互独立，互不影响，可单独调节，是现代胶印机的主要形式。

② 墨斗辊。分为间隙转动式与连续转动式。

③ 传墨辊。分为摆动供墨式与连续供墨式。摆动传墨是指传墨辊摆动一次传送一次油墨。连续供墨是指传墨辊连续转动，不停地传送油墨，常用于高速胶印机上。

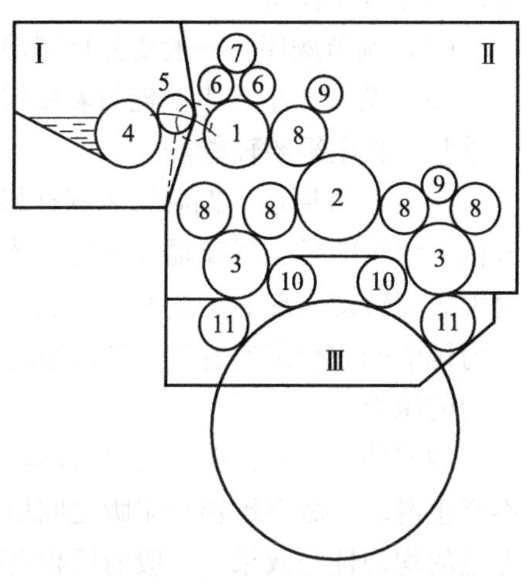

图 2－50　输墨装置的组成

1、2、3—串墨辊；4—墨斗辊；5—传墨辊；6、8—匀墨辊；7、9—重辊；10、11—着墨辊

2. 匀墨部分

匀墨部分的作用是周向与轴向打匀油墨。

（1）构成

① 匀墨辊。胶辊，摩擦传动，周向匀墨作用。

② 串墨辊。金属辊，齿轮转动，轴向串动，轴向打匀油墨。

③ 重辊。金属辊，摩擦传动，增加墨辊间压力。

（2）串墨辊结构

串墨辊分为整体式和三节式，整体式指辊体与轴颈加工为一体的结构，三节式指辊体与两个轴颈用螺钉连接的形式。串墨辊传动部分在朝外侧，单张纸胶印机一般有 4 根串墨辊。

3. 着墨部分

着墨部分的作用是给印版均匀涂布油墨。一般有4根，直径一般不等。

（1）着墨辊压力调节

方法有以下几种。

① 钢片法。用0.3mm的专用钢片插进两墨辊中间后拔出，感觉阻力大小适当即可。测试区域应选左中右三点，如果测量印版与墨辊的压力还应选印版两侧及版尾非印刷处进行，以免损坏印版。此法简单方便，墨辊不用上墨，但测量精度因人而异，不好控制。

② 塑料条法。用0.3mm的硬塑料条取代钢片，点动机器卷进塑料条后拉出感觉拉力大小。其他要求同上。此法有利于保护印版。此法适用于钢片不便操作的着墨辊压力调节，测量精度也因人而异。

③ 压杠法。先抬起水辊让印版干燥后再落下墨辊两次并抬起或者落下墨辊静置5秒钟后再抬起，然后点动机器观看印版上的墨辊压痕宽度来判断墨辊压力大小，一般范围在4~8mm，可根据墨辊不同来确定，墨辊大压痕要宽些。墨辊与墨辊之间的压力也可以通过压杠法来调节，具体操作是连续点动机器转几圈，然后停下来静置5秒钟，再点动机器，在墨辊上即可看到压杠，这时用纸片复下压痕进行测量。此法必须先给墨辊上墨，测量精度较高。

（2）调节顺序。一般要先调串墨辊与着墨辊间压力，后调着墨辊与印版间压力。

（3）调节大小。串墨辊与着墨辊间压力小些，印版与着墨辊间压力大些。主着墨辊要重些，收墨辊要轻些。

（4）调节原理。偏心轮+蜗杆蜗轮式结构。墨辊座一般为偏心轮结构，通过蜗杆调节偏心蜗轮即可实现墨辊位置的调节。着墨辊与印版之间的压力调节一般是着墨辊绕串墨辊表面转动实现的，故不会影响着墨辊与串墨辊之间的压力。着墨辊与串墨辊之间的压力调节同时会影响着墨辊与印版之间的压力，故墨辊压力调节应先调着墨辊与串墨辊之间的压力。

调节理由如下：在印刷时着墨辊与串墨辊和印版同时接触，为保证着墨辊在印版上不产生滑动，故着墨辊与印版之间压力应大于着墨辊与串墨辊之间压力。为提高着墨辊上墨的均匀性与效果，一般前两根着墨辊与印版之间压力应大于后两根。

二、输水系统的分类与组成

输水系统主要有以下几种。

① 间歇式。传统形式，摆动式供水。

② 连续式。现代式，连续供水。

③ 酒精润湿。连续供水，有多种形式，使用酒精润版液。

1. 间歇式润湿装置

水斗辊有间歇转动式与连续转动式两种。

（1）基本组成如图2-51所示。

① 水斗辊。镀铬辊，间歇转动或连续转动。

② 传水辊。传水时摆动，胶辊，包有水绒套。

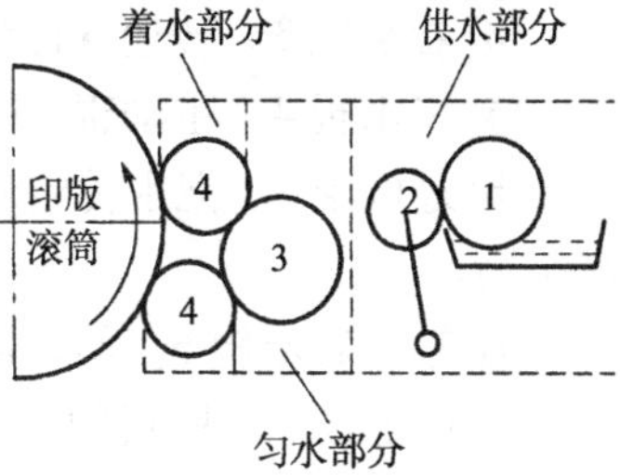

③ 串水辊。主动辊，串动，金属辊。

④ 着水辊。胶辊，包有水绒套，摩擦传动。

（2）水辊压力调节

调节方法：

钢片法，塑料条法，压杠法。具体参见上一节中的墨辊压力调节。

调节要求：

着水辊与串水辊压力，先调、小些。

着水辊与印版压力，后调、大些。

上着水辊压力小于下着水辊压力。

图2－51　间歇式润湿装置

2. 连续式润湿装置

摆动式传水辊改为连续转动传水辊。

（1）向印版直接供水式

组成如图2－52所示。辊3、4与印版等速，辊1、2由直流电机驱动控制供水量，辊2、3转向不同，转速不等。该装置也可用于上光涂布，效果较好。

（2）着墨辊供水方式

即水墨共辊润湿：指用第一根着墨辊供水的方式，水大时易传入油墨中，造成油墨乳化，故要控制好出水量，组成如图2－53所示，又称为达格轮输水装置。

① 水斗辊。电机驱动，可无级调速控制水量。

② 计量辊。从动辊。

③ 着墨辊。转速 > 水斗辊。

④ 串墨辊。可来回串动。

辊1、2用于控制出水量，辊3与辊1之间转速不等。辊3既是着水辊又是着墨辊，这样可以实现预润湿功能。

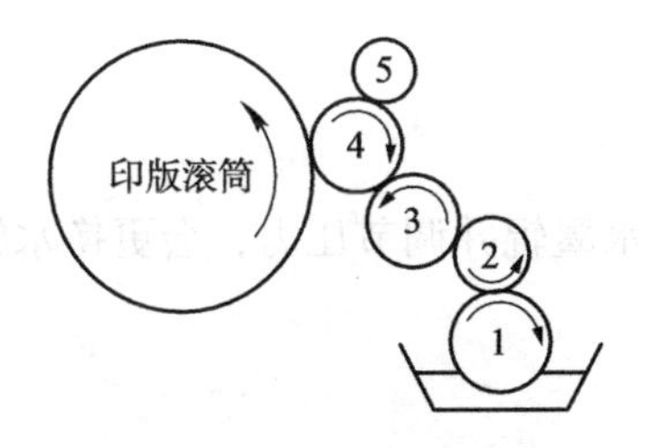

图2－52　连续式润湿装置

1—水斗辊；2—计量辊；3—串水辊；4—着水辊；5—压辊

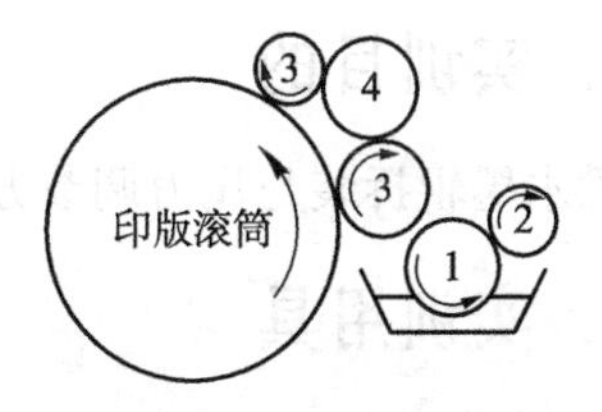

图2－53　达格轮输水装置

1—水斗辊；2—计量辊；3—着墨辊；4—串墨辊

3. 酒精润湿装置

一般不用水绒套，使用酒精润版液，应用普遍。润湿效果好，水膜很薄，但酒精易挥发故要增加制冷循环系统。纸质较差时不太适合。

（1）海德堡 Alcolor 酒精润湿装置如图2－54所示，其中各辊作用如下。

① 水斗辊1。电机驱动，可无级调速供水量。

② 计量辊2。与辊1等速同向转动，调节辊1与辊2之间隙也可改变供水量。

③ 着水辊3。转速 > 计量辊。

④ 串水辊4。主动辊。

⑤ 过桥辊5。把水传给着墨辊，实现预润湿，提前实现水墨平衡。

⑥ 第一着墨辊6。给印版着墨。

（2）曼罗兰印刷机的一种酒精润湿装置如图2－55所示。

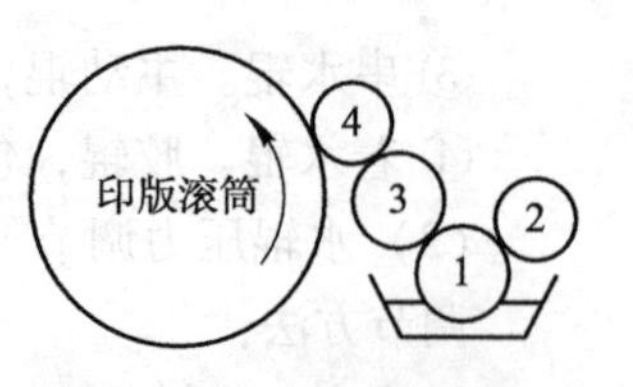

图2－55　酒精润湿装置

1—水斗辊；2—计量辊；3—串水辊；4—着水辊

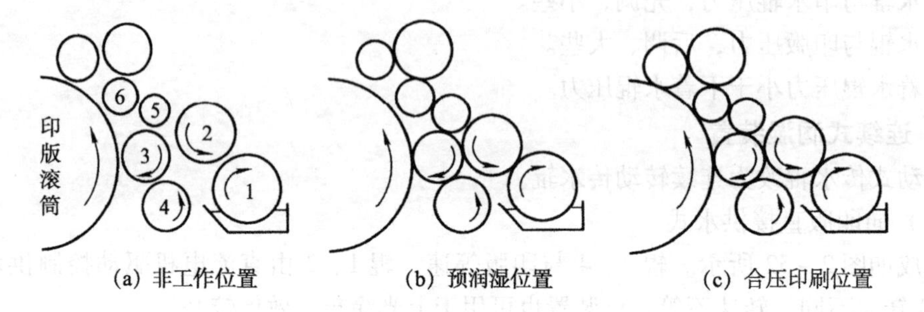

(a) 非工作位置　(b) 预润湿位置　(c) 合压印刷位置

图2－54　酒精润湿装置

1—水斗辊；2—计量辊；3—着水辊；4—串水辊；5—过桥辊；6—着墨辊

水墨辊拆装与压力调节

一、实训目的

熟悉水墨辊拆装与压力调节方法，能正确拆装水墨辊并调节压力，会更换水绒套。

二、实训用具

PZ1650胶印机，塑料条或钢片若干条。

三、实训内容

拆装水墨辊：每人1次。

调节水辊压力：每人1次。

调节墨辊压力：每人1次。

四、实训过程与要求

示范操作拆装一条水辊，拆装一条墨辊，然后由学生练习，每人一次。

学习墨辊压力调节方法与调节要求。

示范墨辊压力调节操作。然后由学生练习一次。

学习水辊压力调节方法与调节要求。

示范水辊调节操作。然后由学生练习一次。

实训要求：练习调节一根水辊、一根墨辊即可，调后教师要检查。

五、实训操作规程

1. 着墨辊压力调节操作规程

操作步骤：

检查调节着墨辊与串墨辊的压力——→检查调节着墨辊与印版的压力。

钢片法：先让墨辊靠版。

（1）用0.3mm厚的钢片插入着墨辊与串墨辊之间，感觉插拔力度适中即可。选取左中右三个检测点测试，先测左右两边，如果压力太小用一字螺丝刀顺时针调节增大压力，否则向反方向调节。调节中间两根着墨辊时要先取出外边着墨辊。

（2）点动机器让印版拖梢空白非图文处面向着墨辊，用0.3mm厚的钢片插入着墨辊与印版之间，感觉插拔力度适中即可。选取左中右三个检测点测试，先测左右两边，调节时先松开锁紧螺母，如果压力太小用手或拨棍逆时针调节增大压力，否则向反方向调节，调好后收紧锁紧螺母。调节中间两根着墨辊时要先取出外边着墨辊。

压杠法：先给墨辊上墨。

（1）着墨辊与印版间压力调节程序

点动机器让着墨辊面向印版——→让着墨辊靠版——→着墨辊离版——→点动机器查看墨杠情况——→调节着墨辊与印版的压力——→擦去印版上墨杠——→重复至调好为止。

（2）着墨辊与串墨辊间压力调节程序

点动机器连续转动1圈——→停止点动静置5秒——→点动机器——→用纸片复印压杠墨痕——→测量压杠宽度——→调节串墨辊压力——→重复以上操作。

操作要求：

① 先调节着墨辊与串墨辊的压力，后调节着墨辊与印版的压力。

② 着墨辊与串墨辊的压力应略小于着墨辊与印版的压力。

③ 靠近水辊的两根着墨辊与印版的压力应稍大于另外两根着墨辊与印版的压力。

④ 同一根墨辊压力大小要左右均匀一致。

⑤ 印刷过程中着墨辊无明显跳动现象。

⑥ 用钢片调节着墨辊与印版的压力时一定要选取印版拖梢空白处测试，以免破坏印版。

⑦ 调节中间两根着墨辊压力必须先取下两边两根着墨辊，否则没法操作。

2. 着水辊压力调节操作规程

操作步骤：

检查调节着水辊与串水辊的压力——→检查调节着水辊与印版的压力。

钢片法：先让着水辊靠版。

（1）用0.3mm厚的钢片插入着水辊与串水辊之间，感觉插拔力度适中即可。选取左中右三个检测点测试，先测左右两边，如果压力太小用一字螺丝刀顺时针调节增大压力，否则向反方向调节。

（2）用0.3mm厚的钢片插入着水辊与印版之间，感觉插拔力度适中即可。选取左中右三个检测点测试，先测左右两边，调节时先松开锁紧螺母，如果压力太小用手或拨棍逆时针调节增大压力，否则向反方向调节，调好后收紧锁紧螺母。

操作要求：

（1）因水辊上有水绒套，不方便给水辊上墨，故不能使用压杠法调节，只能使用钢片法或塑料条法调节。

（2）印刷过程水辊没有明显的跳动现象。

（3）对于新包水绒套的水辊，要重新调节水辊压力。

3. 拆装墨辊操作规程

操作步骤：

拆墨辊。准备工作台或者墨辊架──→拆重辊──→拆胶辊──→拆着墨辊。

装墨辊。装中间着墨辊──→调节中间着墨辊压力──→装胶辊──→装重辊──→装两边着墨辊──→调节两边着墨辊压力。

操作要求：

（1）拆下的墨辊要用清洗剂洗干净，洗净后要用滑石粉擦试后再装。

（2）墨辊装好后还要检查调节其他墨辊间的压力。

4. 更换水绒套操作规程

操作步骤：

取下水辊──→剪开水绒套──→撕下水绒套──→水辊上擦滑石粉──→水绒套准备──→套水绒套──→捆住一头──→推挤水绒套──→捆住另一头。

操作要求：

（1）剪开水绒套，先看清水绒套方向，然后用剪刀在水绒套一端剪开两个缺口后，用力撕开水绒套。

（2）水绒套长度应比水辊短几厘米，套上后先捆住一头，然后用手蘸水推挤水绒套，最后捆住另一头。

（3）水绒套两头一定捆紧，如果水绒套超出水辊应剪掉。

六、实训考核

考核方式：调节一根着墨辊压力，时间5分钟。

评分标准：程序正确，压力大小符合标准给5分，程序错一处扣1分，压力大小不合适扣1分，超时1分钟扣1分。

七、实训报告

要求学生写出《水墨辊调节与拆装实训报告》。

1. 简述输墨系统的组成及其作用。
2. 简述墨辊的种类及其特点。
3. 简述钢片法调节墨辊压力的操作方法。
4. 简述压杠法调节墨辊压力的操作方法。
5. 简述墨辊压力调节的顺序与大小要求。
6. 简述间歇式润湿装置的组成及其作用。
7. 拆下的墨辊应放在什么位置？
8. 为什么水绒套裁切长度要比水辊短些？
9. 为什么墨辊之间要软硬交替排列？
10. 为什么着墨辊直径不等？
11. 酒精润湿装置有什么特点？

任务十五

胶印机润滑与保养

实训指导

一、润滑材料的种类与选用

1. 润滑的作用

润滑是提高机器使用寿命的关键因素，如果胶印机没有润滑很快就会报废。润滑的作用有以下几方面：① 减少摩擦；② 降低温度；③ 防锈作用；④ 减振作用；⑤ 清洗作用。

2. 润滑剂的种类、特点与选用

（1）润滑剂的种类与特点

① 润滑油。黏度低，流动性大，内摩擦力小。常见有机油。

② 润滑脂。黏度高，流动性小，内摩擦力较大。常见有黄油等。

③ 固体润滑剂。耐高温、高压，往往与润滑油或润滑脂调和使用。常见有气泵油。

（2）润滑油的选用原则

高速、低温、轻载宜选用低黏度的润滑油；低速、高温、重载宜选用高黏度的润滑油。

雨淋式润滑胶印机一般使用30号机油。

二、胶印机润滑方式

1. 人工润滑

人工润滑是通过人工把油直接加到润滑部位的润滑方式，人工润滑一般用于润滑非齿轮部件及不便于自动润滑的部件。常见人工润滑装置有油眼与油嘴。油眼加润滑油润滑，黄油嘴加黄油润滑。

2. 自动润滑

自动润滑是指可自动加油的润滑方式，不需要人工定点定期加油。一般用于齿轮及印刷机两侧墙板内运动部件的润滑。自动润滑一般都是使用润滑油。常见润滑方式有雨淋式润滑和间歇式定点润滑。雨淋式润滑是连续不断地把油滴到需要润滑的部件上，润滑油可循环使用，黏度一般较低。间歇式定点润滑是定期对需要润滑的部件加注润滑油，润滑油不能循环使用。自动润滑系统一般由油箱、油泵、输油管、出油阀等组成。

三、胶印机定期保养项目与要求

1. 日常保养项目与要求

胶印机日常保养是设备保养的关键所在，必须坚持做好与抓好，不能放松。具体要求如下：

① 每天开机前按规定给机器加油。

② 经常打扫机器表面，弄上油污或油墨要马上擦去。

③ 尾班要洗干净墨辊、水辊、墨铲、墨槽、刮墨斗。

④ 下班时要擦洗橡皮布及压印滚筒并要洗净各滚筒滚枕。

⑤ 严格遵守操作规程，认真检查设备运行情况。

⑥ 设备发生故障应及时排除并做好记录。

⑦ 经常保持设备周围清洁、整齐、无油圬、无拉圾等杂物。

2. 周保

周保就是每周末安排半天时间专门用于设备保养，清洁打扫日常保养没有清扫的部件。

3. 月保

月保就是每月末安排半天或一个班次进行设备保养，清洁打扫设备并加油检查等。

4. 半年保

半年保就是每半年安排一天专门对设备进行全面检修，确保设备正常运行。

5. 年保

年保指每年末安排一至两天专门对设备进行全面检修，确保设备正常运行。对于新设备一般一年检修一次就可以了，对于旧设备一般一年要检修两次。

胶印机润滑与保养操作

一、实训目的

让学生熟悉胶印机润滑的方法，熟悉胶印机保养的项目与要求，培养学生经常润滑与保养胶印机的习惯，提高学生保养设备的意识，加强学生对设备润滑与保养重要性的认识。

二、实训用具

润滑油、润滑脂、黄油枪、机油枪、抹布、清洁剂、清洁工具。

三、实训内容

设备润滑。
设备保养。

四、实训过程与要求

把学生分成几组，每组安排相应润滑与保养任务。以设备的真实润滑与保养进行教学。润滑项目有：所有黄油嘴加油，所有油眼加油，检查自动润滑系统出油及润滑情况，各主要齿轮与轴承上是否有油。保养项目有：清洁机器所有脚踏板，清洁机器表面，清洁机器叼纸牙、递纸牙等运动部件上的纸灰与油污，清洁水辊与墨辊，清洁机器上的所有油墨油污，清洁刮墨斗、清洁地面油污，清洁水槽等。可根据设备实际情况提出相应的设备润滑与保养项目及要求。对于很难擦洗的油污要采用相应的清洁剂与清洁方法，墨辊与水辊要全部取下来一根一根地清洗，洗好后再照原顺序装回去。

五、实训考核

本实训不考核。但教师可根据每组的保养质量进行打分与评价，进行组与组之间的评比。

六、实训报告

要求学生写出《胶印润滑与保养实训报告》。

1. 润滑有哪些作用？
2. 简述润滑剂的种类与特点。
3. 简述润滑油的选用原则。
4. 简述日常保养项目与要求。
5. 保养对印刷设备有什么作用？

任务十六

胶印机维修常识

实训指导

一、胶印机维修内容

胶印机的维修主要涉及两方面内容，一是机器有什么故障及如何修理，二是具体修理工作。第一方面是胶印机维修的重要内容，只有知道机器出现了什么故障及修理方法才能开展修理工作，故第一方面是机修的前提与基础。但要做好第一方面，需要操作者有很丰富的印刷工作经验及处理印刷故障的实践经验。故长期的印刷实践与机修实践是做好机修的必备条件。第二方面要求机修者具有很丰富的机加工水平，能熟练使用各种机床与工具加工所需的配件。在生产现实中，这两方面可以由不同的人来担任，第一方面往往由机长或技术人员担任，第二方面才由机修人员担任。故机修员有时指的就是机加工人员。但作为高级机修人员应具备两方面的能力，所以胶印机维修不是孤立的，它是融合在印刷机械和印刷工艺之中的一门综合性技术，故本项目不涉及机修的具体内容，只是归纳机修的一些经验与注意事项。要提高机修水平关键还在于提高印刷机械与印刷工艺的掌握与操作水平，想单独通过专门的印刷机维修课程来掌握机修是错误的，也是不可能的。掌握机修首先要学好印刷机械与印刷工艺，一个高水平的印刷机操作人员才可能成为一个高水平的机修人员，一个高水平的机修人员首先是一个高水平的印刷机操作人员。

胶印机因自然磨损到一定程度或意外损坏都需要维修。根据维修的规模与面积可把胶印机维修分为大修，中修和小修。大修一般指机器磨损零部件较多，磨损严重，印刷性能很差或基本上已不能再印刷产品，修理也较复杂费时，一般都要拆机器墙板，修理时间在3~5个月。有很多印刷企业往往不搞机器大修，而是另购新机。这主要是因为没有大修技术力量或维修费用较高不合算。大修一般应事先作好计划与准备。中修一般指不用拆机器墙板的较复杂维修情形，一般要机修工或机修组组织维修。小修一般指较简单的局部元件更换与修理，一般机长就能完成。

二、胶印机维修常用工具及设备

（1）夹具类。老虎钳，胶钳，卡环钳（内，外两种），尖嘴钳。

（2）扳手类。呆扳手，活动扳手，梅花扳手，内六角扳手，套筒扳手，专用扳手。

（3）拉码。

两脚拉码。一般拆小轴承用。

三脚拉码。一般拆凸轮与齿轮用。

螺纹拉码。一般拆大齿轮用。

（4）拨棍与撬棍。

（5）螺丝刀。“+”字与“-”字。

（6）锤子：铁锤，铜锤，木锤。

（7）冲子，挫刀，砂布，丝锥（内、外两种）。

（8）钢锯，钢刷，毛刷。

（9）电铬铁，电焊机，电笔，万用表。

（10）直尺，圈尺，游标卡尺，千分尺，塞尺。

（11）常用加工机床。钻床，铣床，刨床，磨床，砂轮等。

三、胶印机维修方法

胶印机维修是一项细致的工作，不可粗心大意，实践中往往因维修不认真而造成重大设备事故。维修一定要保证质量与精度，不能降低标准以影响设备使用性能，不能采用将就、得过且过、能用就行的做法。下面是一些具体维修经验总结，对机修必有帮助。

（1）在拆卸每个部件之前，应先弄清内部结构，查看装配图或零件图，做到心中有数，不可盲动。

（2）拆下零件较多时，应对零件作标号，拆下的零件不能堆成一堆，应按类别分类码放整齐。

（3）拆下来的小零件能装回原位的应装回原位，这样小零件不易丢失并方便安装。

（4）拆卸齿轮等有位置关系要求的部件时应打配合位置标记。

（5）加工与采购零件之前应先了解零件的作用、功能、精度及配合关系等，以免加工后不合适或不能满足要求，影响工作性能。

（6）装拆零件时不能强敲猛打，遇到拆不下时应查找原因，检查是否还有其他螺钉未松开或被其他零件卡住。

（7）遇到很难装拆的零件时应静下来想想办法，往往一个好的方法与点子能事半功倍。

（8）对销、轴、齿轮、凸轮等精密零件不能用铁锤敲打，只能用铜锤或木锤轻轻敲击。

（9）拆卸齿轮、轴承、轴套、偏心套等应用拉码及专用拆套工具。

（10）加工与装配应符合机器设计精度要求，不能降低标准与精度。

（11）用扳手搬动螺钉时，不可用力过猛，且要戴手套，以防不小心弄伤手。在螺钉很紧的情况下，应用加力杠加力或用锤子敲打扳手，不要用力猛扳。

（12）修机时要先关电源，且与机长及手下人员打好招呼，修机中途休息应挂牌提示，修完后应收好工具，并全面检查安全后才能试车。不能未经检查就直接开车。以免酿成事故。

四、验收标准

（1）设备修理后的验收工作，应根据国家及部委颁发的验收标准进行，预检合格后，进行空车试转，没有发现问题，再进行负载试印，并检查设备运转时的各项数据要符合技术、质量、安全的规定要求。温升、噪声、杂音是否已排除，保险制动装置等各项应符合要求。

（2）凡经机械加工制造和修复的零部件要符合要求，组装完工后检查部件的配合精度，机械灵活可靠，移动部位应准确、齿轮啮合、调整间隙、内部清洁，不合格的零部件不准安装上机。

拆卸更换易损件

一、实训目的

熟悉机器部件拆卸的方法与要求，熟悉常用工具的使用，提高装拆机器部件的能力。

二、实训用具

各种扳手、螺丝刀等拆卸工具。

三、实训内容

拆装清洗分配气阀。
拆装清洗气泵过滤器。

四、实训过程与要求

（1）介绍修机调机工具的名称、作用与使用方法。

（2）拆装分配气阀。准备工具⟶拆卸固定螺钉⟶拉出分配气阀⟶用汽油清洗⟶吹干⟶装上气阀⟶固定螺钉。

（3）拆装气泵过滤器。松开紧固螺钉⟶取下盖板⟶取出过滤器⟶用汽油清洗⟶干燥⟶装上过滤器⟶装上盖板并紧固螺钉。

教师操作，学生在旁观看，然后由学生练习操作一次。教师可根据机器的实际情况增加拆装的实训项目。更换易损件，由学生独立进行，教师在一旁指导。

五、实训考核

本实训不考核。

六、实训报告

要求学生写出《拆装机器部件实训报告》。

1. 维修的基本要求是什么？
2. 拆下的细小零件应如何处置？
3. 拆齿轮前应先做什么标记？
4. 直接敲打零件应注意什么？
5. 用扳手扳动螺钉时应注意什么？
6. 在拆卸零部件之前应先做什么工作？
7. 设备维修后如何验收？

任务十七

调节印刷压力

实训指导

一、印刷压力的作用与确定方法

1. 印刷压力的概念

印刷压力指橡皮布滚筒与压印滚筒之间的压力，有时也指橡皮布滚筒与印版滚筒之间的压力。以上两种压力也可统称为印刷压力。印刷压力可以用压强表示，但在印刷实践中常用包衬压缩量来表示，即橡皮布滚筒包衬被压缩了多少就说印刷压力是多少，单位一般为毫米或丝，1mm＝100 丝。由于包衬种类不同，相同的压缩量其实际压力是不同的，故相同压力下，硬性包衬与软性包衬其压缩量是不同的。

2. 印刷压力的作用

印刷压力是实现油墨转移的基础，没有印刷压力油墨就不可能转移，印刷压力与油墨转移存在一定的关系，一般来说，印刷压力增大，油墨转移率增大，但当印刷压力到达一定值后再增大压力，油墨转移并不增加。因此印刷压力必须适当，过大不能增大油墨转移率，反而会造成机器部件磨损加剧，网点严重增大，降低机器使用寿命。

3. 印刷压力的确定方法

印刷压力的确定方法有计算法与试验法，印刷压力首先可通过计算来初步确定。计算法是先测量各滚筒的包衬数据，然后根据滚筒缩径量（缩径量＝滚枕半径－滚筒体半径）及滚筒间隙等参数计算出印刷压力。如果计算出的印刷压力偏大，可直接减少橡皮布滚筒包衬。试验法是给墨辊上墨进行满版印刷（不靠水辊），观看油墨转移情况及印刷效果，根据印刷情况再对印刷压力作适量调节即可，对于局部极为不平的地方可以采取橡皮布凹陷垫补法进行垫平。在测试确定印版与橡皮布滚筒之间的印刷压力时，不用输纸印刷，直接空压印刷，为防止油墨转移到压印滚筒上，可先把橡皮布滚筒与压印滚筒间中心距调大些。在实际生产中，印刷压力大小还要根据印刷品的不同进行选择，一般来讲，平整光滑的纸张，印刷压力可小些，实地印刷品印刷压力要大些。试验法确定印刷压力的大小一定要确保印刷品实地饱满、网点结实。不同包衬的包衬压缩量数据一般如表 2－2 所示（印刷压力标准值）。

表 2-2 包衬压缩量与包衬类型关系表（标准值）

包衬类型	橡皮布与压印滚筒间印刷压力/mm	橡皮布与印版滚筒间印刷压力/mm
硬性包衬	0.10	0.15
中性包衬	0.15	0.25
软性包衬	0.20	0.30

例，已知 PZ1650 胶印机的滚筒参数与状态如图 2-56 所示。印版滚筒与橡皮布滚筒滚枕间隙为 0（走滚枕），橡皮布滚筒与压印滚筒滚枕间隙为 0.35mm，表明橡皮布滚筒表面正好与压印滚筒表面刚接触。现测得印版及包衬总厚度为 0.6mm，橡皮布及包衬的总厚度为 3.25mm，现印刷纸张厚为 0.1mm，求印刷压力。

解：由图 2-56 可知，橡皮布滚筒缩径量为 3.2mm，印版滚筒缩径量为 0.5mm。

印版与橡皮布滚筒间印刷压力

$=3.25+0.6-3.2-0.5-0$

$=(3.25-3.2)+(0.6-0.5)$

$=0.15$mm

压印与橡皮布滚筒间印刷压力

$=(3.25-3.2)+0.1$

$=0.15$mm

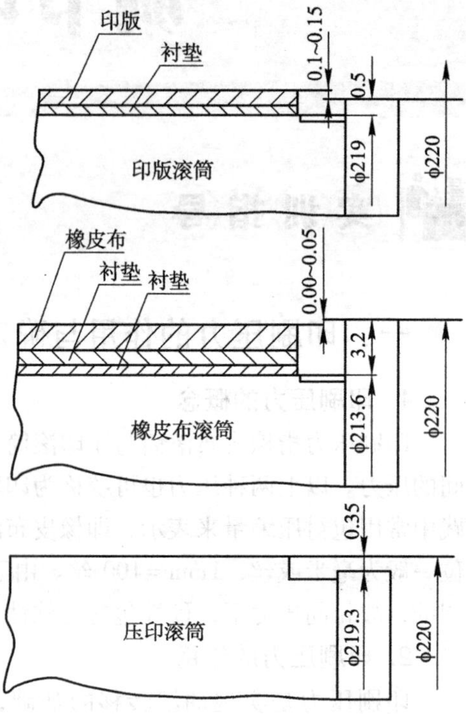

图 2-56 PZ1650 胶印机滚筒参数

二、印刷压力调节方法

当印刷纸张厚度改变时，印刷压力也会发生相应变化，这时就必须调节印刷压力以适应不同厚度纸张印刷的需要。印刷压力调节方法有改变包衬法与调节中心距法。改变包衬法是指通过改变橡皮布包衬厚度来调节印刷压力。当印刷纸张厚度增加多少，就在橡皮布下减多少垫纸放到印版下。例如，纸张原厚度为 0.1mm，现纸厚改为 0.2mm，橡皮布包衬就要减少 0.2-0.1=0.1mm，纸张垫到印版下，从而保证印刷压力不变。由于印版下增加了垫纸，这就会影响印版与墨辊之间的压力，且改变包衬法操作起来很不方便，还要调节墨辊压力，故现在一般很少使用。目前比较常用的是通过调节中心距来调节印刷压力。当印刷纸张厚度改变时，橡皮布滚筒与压印滚筒的中心距就作相应调整。例如，当印刷纸张厚度由 0.1mm 改为 0.2mm 时，橡皮布滚筒与压印滚筒中心距增加 0.1mm 即可，这样调节简单方便，故普遍采用。

三、包衬的选择与使用

包衬根据硬度不同，一般可分为软性包衬、中性包衬和硬性包衬三种，软性包衬是用毛呢做衬垫物，中性包衬是用橡皮布做衬垫物，硬性包衬是用纸张做衬垫物。软性包衬印刷时包衬变形大，一般适合印刷实地印刷品，主要在精度不高的印刷机上使用。硬性包衬印刷时包衬变形小，适合印刷高质量的网点类印刷品，主要用于高精度的印刷机上。现代高速印刷机一般都采用硬性包衬。中性包衬性能适中。

确定与调节印刷压力

一、实训目的

熟悉印刷压力的检测与确定方法，熟悉印刷压力的计算方法，熟悉垫平橡皮布的方法。

二、实训用具

千分尺、油墨、旧 PS 版、衬垫纸、印刷机说明书。

三、实训内容

测量包衬厚度。
计算印刷压力。
满版印刷测试。
画地图垫平橡皮布。

四、实训过程与要求

首先把印版与橡皮布都取下来，用千分尺测量各包衬厚度、印版厚度、橡皮布厚度等。通过胶印机说明书查出本胶印机滚筒数据，然后计算印刷压力。如果计算出的印刷压力与标准值相差很多，应调整包衬量，使印刷压力计算结果略小于标准值。装上印版与橡皮布，给墨辊上墨进行满版印刷，不输纸合压印刷，先测试印版与橡皮布滚筒间的印刷压力，观看橡皮布上油墨转移情况，如果压力不足，可以在橡皮布下逐步增加衬垫纸，直至印刷效果理想为止。然后，输纸印刷，观看纸张印刷效果，通过调节中心距来提高印刷质量，直至实地结实满意为止。对于少量局部不能印实的地方可能通过橡皮布垫补法垫平，不应盲目增大印刷压力来压实，以免其他地方印刷压力过大。

教师与学生共同参与到以上操作中来，共同完成印刷压力的调节与确定工作，教师边讲边做，学生协助配合。通过共同操作学会操作方法与调节确定原理。学生不再单个进行训练。

五、实训考核

本实训不考核。

六、实训报告

要求学生写出《确定调节印刷压力实训报告》。

1. 印刷压力的作用是什么？
2. 如何确定最佳印刷压力？
3. 最佳印刷压力的标准是什么？
4. 调节印刷压力的方法有哪些？
5. 包衬法与中心距法调节印刷压力各有什么特点？
6. 包衬的选用原则是什么？

任务十八

前规与侧规调节

实训指导

一、纸张定位原理

1. 纸张定位的必要性

对同一批印刷品而言，图文在纸张上的位置，要求每一张印刷品都是相同的，即张与张套规准确是所有印刷品的基本要求。对于单色机套印多色产品，就必须要求张与张套规准确，否则无法实现套印准确。

输纸总会存在误差，少量输纸误差可通过定位装置进行纠正，如果纸张不定位就直接进行印刷，结果是套规不可能准确一致，只有每一张纸在相同位置进行准确定位才能保证印刷后规线一致，张与张之间套印准确。当输纸误差过大时，定位装置就无法准确定位，这样就会出现套规不准现象。定位不准现象主要表现为纸张早到、晚到、歪斜。

2. 纸张准确定位的实现方法

纸张要准确定位就必须在两个相互垂直方向上对纸张进行定位，在周向一般使用两个前规进行定位，在轴向一般使用一个侧规进行定位，并且两个前规形成的前规定位线与侧规定位线相互垂直。也只有这样才能对纸张进行准确定位。另外，前规与侧规的定位时间必须适当，定位时间太短不能纠正输纸误差，定位时间太长就会减少其他机构工作时间。

二、前规的结构与调节

1. 前规的基本组成

前规的基本结构如图 2 – 57 所示。

① 挡纸板。挡纸定位，用久后会形成凹槽，可更换。

② 上挡板（盖板）。控制纸弯曲。

2. 前规的分类及其特点

① 上摆式。指上摆让纸的方式，纸尾过前规后前规才能下摆挡纸，挡纸时间会不足，高速印刷时纸定位时间不够，影响套印，故只适用于中低速印刷机。

② 下摆式。指下摆让纸的方式，可增加纸定位时间，适用于高速印刷机。

3. 前规的调节

① 前后位置。可控制叼纸牙的叼纸量，一般要求滚筒叼纸牙能叼纸5~6mm。校版前应先校平前规，让叼纸牙叼纸量两边一致。前后位置调节也可用于校版，但只能微量调节，一般不建议采用。前规前后位置可单侧调节也可整体调节，但前规线要与滚筒轴线基本平行，即前规平行。

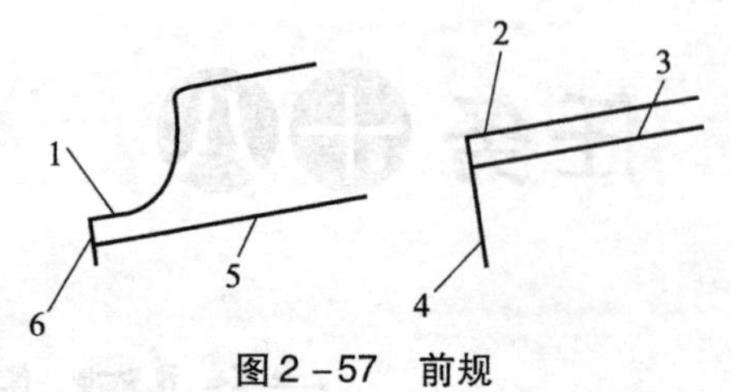

图2-57　前规

1、2—上挡板；3、5—牙台；4、6—侧挡板

② 上挡板高度（与牙台的间隙）。根据印刷用纸厚度调节，一般为纸厚+0.3mm，其高度可影响套印精度，薄纸印刷时应严格控制高度。

③ 来去位置。一般位置固定，不用调节。其位置约为纸的1/4至1/6处。在多前规的胶印机中真正起定位作用的只有两个，故要特别注意检查实际起作用的是哪两个前规，因为前规位置对纸周向定位有重要影响。对开机由四开改对开纸印刷后必须使用两边两个前规，否则纸周向套印会不准。

三、侧规的结构与调节

1. 侧规的基本组成

侧规的基本结构如图2-58所示。

① 侧挡纸板。挡纸定位，用久后会形成凹槽，可更换。

② 上挡板（盖板）。控制纸弯曲。

2. 侧规的分类及其特点

① 滚轮旋转式。工作原理如图2-59所示，主动滚轮作回转运动，压纸轮上下摆动，适合于高速度印刷，但拉纸定位冲击大，易产生纸边弯曲现象，应用广泛。

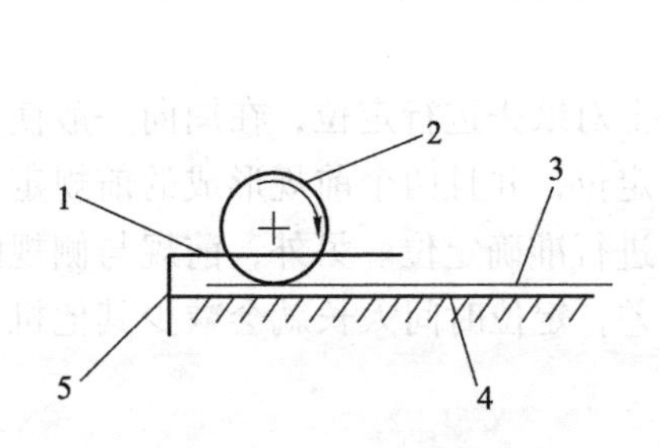

图2-58　侧规基本结构

1—侧规上挡板；2—压纸轮；3—纸张；4—侧规底板；5—侧规侧挡板

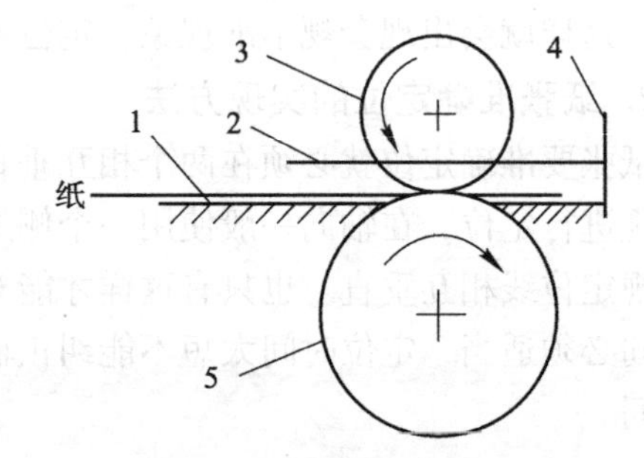

图2-59　滚轮旋转式侧规

1—底板；2—盖板；3—压纸轮；4—侧挡板；5—滚轮

② 拉板移动式。工作原理如图2-60所示，压纸轮上下摆，主动拉板作往复变速运动，可减轻拉纸定位时的冲击，现主要用于海德堡印刷机上。

③ 气动式。拉板往复运动，纸与拉板间靠吸气控制，有效地减少了纸对挡板的冲击，但用久后吸气孔易堵塞，要定期清洗纸灰，应用逐渐增多。气动式侧规如图2-61所示。

3. 侧规的调节

① 拉纸力。一般用弹簧控制，厚纸拉力要大些，以纸不折边为度。

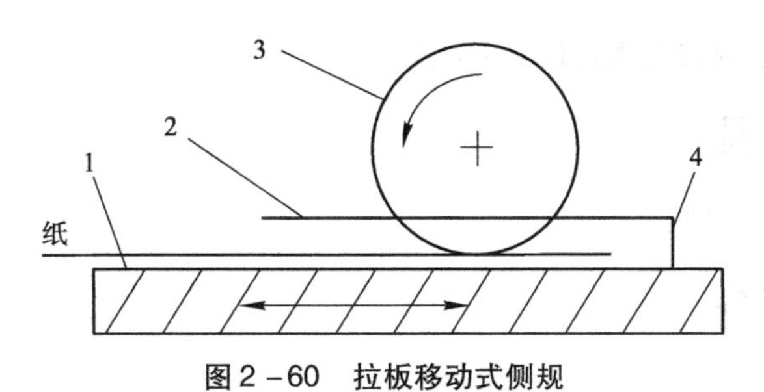

图 2－60　拉板移动式侧规

1—拉板；2—盖板；3—压纸轮；4—侧挡板

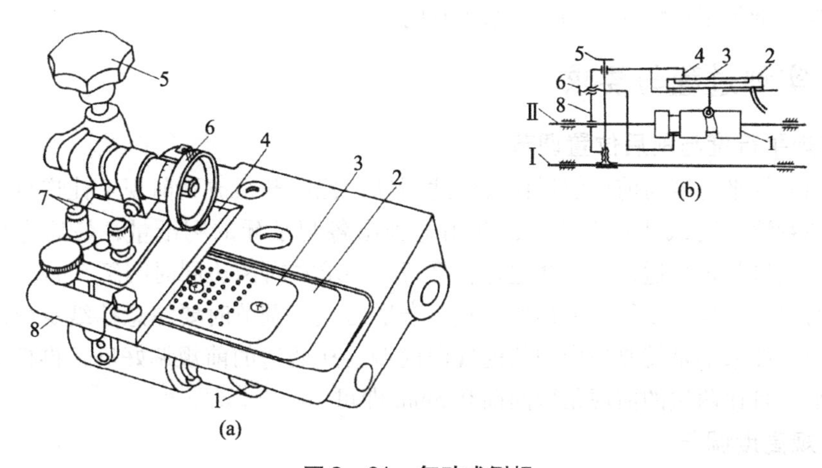

图 2－61　气动式侧规

1—凸轮；2—吸气托板；3—吸气板；4—侧挡纸板；5、6—手轮；7—调节钮；8—侧规体

Ⅰ—侧规定轴；Ⅱ—侧规动轴

② 侧规位置。粗调用于确定印刷用纸尺寸，一般用螺钉锁定。微调用于套准控制。当调节量不大时使用微调。

③ 上挡板高度。同前规。3 张纸厚。

侧规都有两个，左右各一个，选用原则如下。

（1）为保证正反面套印准确，正反面印刷时一般要换规。

（2）为配合折页、模切等后加工要求，有时对印刷用规有特定要求，只能按要求使用。

前规与侧规位置调节

一、实训目的

熟悉前规与侧规的位置调节方法与要求，保证输纸定位准确，加强学生对前规与侧

规作用的认识。学会观看纸张定位是否准确。

二、实训用具

PZ1650 胶印机，过版纸。

三、实训内容

前规调节。

侧规调节。

输纸观看纸张定位情况：每人输纸 1000 张。

四、实训过程与要求

1. 前规平行度与前后位置调节

先检测前规平行度与前规前后位置的适当性，把四开纸放到前规上让递纸牙叼纸通过，然后观看滚筒叼纸牙叼纸情况，并用笔画出各叼纸牙的叼纸量，最后进行仔细比对，判断叼纸量是否合适，左右两边是否平行。要求左右两边同时叼纸 5mm。如果不合适，调节两边的前规，重复以上操作，直至合适为止。调节时要注意挡纸定位的是不是两边的前规，如果不是就要把中间的前规向前调，在两边的前规调好后，再把中间的两个前规调平，且比两边的前规稍微向前 0. 5mm 即可。

2. 前规高度调节

取三张印刷纸叠在一起后插到前规下，然后调节前规高度，使 3 张纸能在前规下刚好自由出入即可，不能太松也不能太紧。

图 2 - 62　PZ1650 侧规结构图

3. 侧规来去位置调节

PZ1650 侧规如图 2 - 62 所示。松开 T 字形螺杆，用扳手轻轻推动侧规，调到所需要的位置，然后同时推动侧规下的底板，注意不要让侧挡板压在拉条两侧的底板上。只能让底板靠近侧挡板。如果调节量不大，应使用侧规微量，顺时针转侧规向靠身，逆时针转侧规朝外，转 360°约移动 1mm。侧规位置调节应与纸堆位置相适应，确保侧规侧挡板与纸边的距离为 5mm 左右。如果不符合要求，就要根据情况调节纸堆或者侧规位置。侧规位置未校准以前可以调节侧规，如果侧规位置已经校准就只能调节纸堆了。

4. 侧规高度调节

点动机器到侧规拉纸位置，然后取 3 张印刷纸插到侧规盖板下，判断松紧度，要求能刚好插入为原则，否则调节控制盖板高度的“一”字形螺钉，让盖板高度符合要求。

5. 侧规压力调节

印厚纸增大压力，印薄纸减少压力。先松开下面的锁紧螺母，然后按箭头指示方向调节压力，拧下去（+方向调）压力增大，相反压力减少，调节完毕再锁紧锁母。

6. 侧规选用

当不使用某个侧规时，就要把此侧规挡板与压纸轮一起上抬，不让拉纸，并把侧规推到侧面，以防侧规挡纸影响输纸。让侧规压纸轮上抬只要按下中间的那个螺钉并转动就可以了，相反如果要使用此侧规，把此螺钉按下并反向转动让压纸轮放下就行了。

教师先示范操作一次，然后对以上项目让学生分别操作一次。最后每位学生输纸1000张，观看并判断输纸定位情况。纸是否到前规，侧规拉纸是否每张都到位。

五、实训操作规程

1. 操作步骤

侧规粗调：松开锁母——→看清刻度——→用螺丝刀轻轻敲打侧规——→调节完毕——→锁紧锁母。

侧规微调：使用专用工具——→顺时针转动向靠身调。

2. 操作要求

（1）当调节量少于1mm时，使用侧规微调，转一周约1mm。

（2）粗调侧规超过2mm时，一般都要同时调节纸堆来去位置，以确保纸堆与侧规相对位置关系合适，即侧规拉纸5mm。纸堆调节方向与侧规调节方向相同。

（3）每次调节侧规都要注意观察侧规侧挡板位置，不能压在侧规底板上。

六、实训考核

考核方式：每位学生检测前规平行度与适当性。画出叼纸牙叼纸位置。

本考核不记分。

七、实训报告

要求学生写出《侧规与前规调节实训报告》。

1. 纸张为什么需要定位？
2. 纸张定位的方法是怎样的？
3. 前规前后位置调节会影响到哪些方面？
4. 为什么前规一定要平行？
5. 正常的前规高度是多少，过高或过低会有什么后果？
6. 前规如何选用？
7. 简述侧规的种类及其工作特点。
8. 简述前规的分类及其工作特点。
9. 侧规拉纸力如何调节？
10. 侧规的拉纸距离一般为多少，过多、过少会有什么后果？

任务十九 改规

实训指导

不同工单印刷往往要改变纸张的厚度、尺寸与种类，统称为改规，即改规格印刷。改规变化不大时一般调机部位不多，操作也很简单。当用纸规格变化较大时，改规调机就复杂些。改规的速度与质量直接影响生产效率，在生产实践中有重要意义，故在此有必要归纳一下，以提高改规的效率。改规主要有以下几种情况，第一种是改纸厚，当印刷用纸厚度变化较大时一般要对机器一定部分进行适当的调节以适用不同纸厚印刷的需要，比如，厚纸改薄纸印刷，薄纸改厚纸印刷等。第二种是改尺寸，比如，对开改四开印刷，四开改对开印刷等。第三种是改用纸种类，比如，铜版纸改胶版纸，一般改纸种类不用太多地调节。下面就分别叙述各种改规的调机部位与要求。

一、改纸厚印刷

一般应调节的部位如下。

（1）印刷压力。改变量可根据纸厚变化量进行掌握，用千分尺进行测量，纸厚增加多少印刷压力就相应减少多少。当纸厚变化不大时，经试印没有问题也可不进行调节。注意印版压力不要调节。

（2）分纸机构。一般当纸厚变化较大时才需要调节。厚纸印刷时，因厚纸一般较重，故分纸嘴吸气要大些，挡纸片少挡些，松纸吹嘴吹风大些。改薄纸印刷正好相反。

（3）输纸压轮。厚纸印刷输纸压轮调重些，薄纸印刷输纸压轮调轻些。

（4）定位毛刷轮。厚纸印刷时要顶住纸尾边，以防纸反弹。改薄纸印刷时要后退些，以防纸冲过头。

（5）前规与侧规高度。厚纸印刷应调节到2倍纸厚。薄纸印刷应调节到纸厚+0.3mm。

（6）递纸牙垫高度。同上要求。一般调至适合厚纸印刷位置，改薄纸时如没有问题一般不再调节。

（7）收纸开牙板的开牙时间。厚纸调早些，薄纸调晚些。

二、改尺寸印刷

一般应调节的部位如下。

（1）纸堆位置。

（2）送纸吸嘴来去位置。应分布在稳定线上，纸尺寸变化其稳定线位置也发生变化。如果纸尺寸变化不大也可以不调节此项。

（3）接纸轮位置。应靠近纸边 1/5 处。

（4）压脚位置。即分离头位置，压脚压纸 8 ~ 12mm 范围内。

（5）输纸线带位置。靠两边对称分布。一般可不用调节。

（6）前规位置。实际挡纸的前规位于纸边 1/5 处，即纸稳定线以外。对于有多个前规的机器一般不用调节。

（7）定位毛刷轮与拖梢压纸轮的位置。调到纸尾处。

（8）侧规来去位置。拉纸距离 5 ~ 8mm 为合适。

（9）收纸吸气轮位置与齐纸板位置。

（10）墨斗出墨位置。调节墨斗键，使出墨位置与纸张图文尺寸对应。

三、改纸种类印刷

仅改变纸张种类主要调节分纸机构，其他一般不用调节，以能保证顺利输纸为前提。既有厚度改变或尺寸改变，又有纸种类改变，按以上两种情况改规即可。

以上改规内容看似简单，关键是在实战中你能否快速而准确地完成改规工作，故熟练掌握与牢记是学习重点。在实际工作中最常发生问题是容易忘记一些项目，丢三落四，当开机印刷时才发现，甚至在出现问题后才知道，这时已为时过晚，这就要靠平时多多训练才行。

改纸张尺寸印刷

一、实训目的

熟悉改规的各项调节，熟悉改规操作，提高改规操作能力。

二、实训用具

PZ1650 胶印机。

三、实训内容

改纸张尺寸：每人 1 次。

四、实训过程与要求

改纸张尺寸需要调节项目有分纸头前后位置、纸堆侧挡板位置、毛刷轮位置、压纸轮位置、侧规位置、纸堆位置、齐纸板位置、吸引车位置。

教师先示范操作一次，然后由学生练习。

大四开改正四开，然后再从正四开改为大四开，轮流进行。要求改规后输纸500张，保证输纸顺利、输纸定位准确、收纸正常。

五、实训考核

考核方法：实训即考核。

评分标准：少调1项扣1分，共5分。

六、实训报告

要求学生写出《改规实训报告》。

1. 对开纸改四开纸印刷，需要调节哪些项目？
2. 薄纸改厚纸印刷需要调节哪些项目？
3. 胶版纸改铜版纸印刷可以调节哪些项目？

模块三

产品印刷综合训练

产品印刷综合训练指印刷机上墨并印刷产品的印刷过程。以下所有实训项目都在实际产品印刷过程中进行实训或者模拟产品生产过程进行实训，不同项目只是侧重点不同。本部分可采用产学结合、工学结合、顶岗实习等形式进行教学，也可以安排到企业进行教学。实训指导可以在教室集中式上课。

任务二十

印刷工艺流程

印刷工艺详细流程

印刷工艺详细流程：阅读印刷施工单──→明确印刷任务──→根据任务特点设计印刷工艺──→准备纸张、油墨、印版等印刷材料──→装版、装墨、装纸──→印刷机预调与检查──→开机──→输水输墨──→停机擦版──→开机──→落水辊──→落墨辊（可选）──→观看水墨平衡情况（无水大或糊版现象）──→输纸──→纸过前规──→合压──→校版纸被送出──→关气泵──→纸走完──→停机──→取印样──→校版校规格校墨色──→重复上述开机过程──→印样质量合格后签样──→正式印刷──→观看水墨平衡状况并监测印刷质量──→印刷完毕──→清洗印刷机──→保护印版──→擦洗各印刷滚筒──→清洁整理现场。

印刷工艺设计包括色序确定、印刷时间确定、印刷方式选择等。准备纸张、油墨、印版包括专色墨调配、纸张的调适处理与印版的质量检查。装墨指把油墨装到墨斗中并调节油墨的印刷适性，装纸是指把纸装到印刷机台上并垫平。印刷机预调包括输纸装置预置、收纸装置预置、印刷压力预置、定位机构预调。印刷机检查指常规安全性检查，主要内容有查看交接记录了解印刷机状况、检查印刷机飞达、输纸台等禁止放物部位是否有遗留物、印刷机安全装置是否正常等。输墨包括油墨预置、油墨量调节与手动打墨，输水包括水量预置、水量调节与手动加水。输水输墨后确保印刷机墨路中油墨均匀合适，水路中水量均匀合适。为确保水墨平衡的稳定，在落水辊后再落墨辊以确认水量大小是否合适。因第一张纸往往输纸时间不准确，故第一张最好不要合压印刷，等第二张纸到前规时再合压印刷较好。当校版纸在纸堆上被送出后关掉气泵，让印刷机自动印刷完毕后再停机。

简述印刷工艺流程。

任务二十一

阅读施工单

熟悉印刷施工单

1. 印刷生产施工单实例1

本施工单为纸盒加工，只需印刷面纸部分，面纸为单面4色印刷，大对开上机，上机纸数量为（2000+300）张，其中，300张为加放数。

印刷生产施工单（一）

<table>
<tr><td>印件名称</td><td colspan="2">红石榴工艺纸盒</td><td>客户名称</td><td colspan="4">××公司</td></tr>
<tr><td>印件类型</td><td>包装盒</td><td>开单时间</td><td>×年×月×日</td><td>交货时间</td><td colspan="3">×月×日</td></tr>
<tr><td>成品尺寸</td><td colspan="2">长25cm×宽18cm×高9cm</td><td>成品开度</td><td>开</td><td colspan="2">成品数量</td><td>2000个</td></tr>
<tr><td>原稿</td><td colspan="7">图片4幅</td></tr>
<tr><td>项目</td><td colspan="2">面纸</td><td>衬纸、围纸</td><td colspan="2">灰纸板</td><td colspan="2">完成时间</td></tr>
<tr><td>纸张名称</td><td colspan="2">157g/m² 光铜纸</td><td>157g/m² 光铜纸</td><td colspan="2">1200g/m² 灰纸板</td><td colspan="2">×月×日</td></tr>
<tr><td>纸张规格</td><td colspan="2">889mm×1194mm</td><td>与面纸同版</td><td colspan="2">889mm×1194mm</td><td colspan="2">×月×日</td></tr>
<tr><td>用纸数量</td><td colspan="2">1000张+150张</td><td></td><td colspan="2">670张+30张</td><td colspan="2">×月×日</td></tr>
<tr><td>印刷色数</td><td colspan="2">4色</td><td></td><td colspan="2"></td><td colspan="2">×月×日</td></tr>
<tr><td>拼版方式</td><td colspan="2">大对开拼版</td><td>与面纸同版</td><td colspan="2"></td><td colspan="2">×月×日</td></tr>
<tr><td>印刷版数</td><td colspan="2">对开4块</td><td>与面纸同版</td><td colspan="2"></td><td colspan="2">×月×日</td></tr>
<tr><td>裁纸尺寸</td><td colspan="2">595mm×885mm</td><td>与面纸同版</td><td colspan="2"></td><td colspan="2">×月×日</td></tr>
<tr><td>印刷机台</td><td colspan="2">4号机</td><td></td><td colspan="2"></td><td colspan="2">×月×日</td></tr>
<tr><td>印刷色序</td><td colspan="2">正常</td><td></td><td colspan="2"></td><td colspan="2">×月×日</td></tr>
</table>

续表

<table>
<tr><td rowspan="2">印后加工</td><td>面纸加工</td><td colspan="4">与围纸、衬纸同版模切规格：595mm×885mm　完成时间：×月×日
灰纸板模切规格：外壳630mm×280mm　内围盒360mm×430mm</td></tr>
<tr><td>加工说明</td><td colspan="4">面纸印刷完成后与灰纸板裱糊。盒子成型后，放盒内底托</td></tr>
<tr><td colspan="2">包装方式</td><td colspan="4">纸箱包装</td></tr>
<tr><td colspan="2">工单发送部门</td><td colspan="4">□生产管理部　□设计部　□印刷部　□印后加工部
□质检部　□仓库　□采购部</td></tr>
<tr><td>跟单员</td><td></td><td>负责人</td><td></td><td>备注</td><td></td></tr>
<tr><td>业务员</td><td></td><td>负责人</td><td></td><td>备注</td><td></td></tr>
<tr><td>制单员</td><td></td><td>负责人</td><td></td><td>备注</td><td></td></tr>
</table>

2. 印刷生产施工单实例2

本施工单为期刊加工，封面为4开4色自反印刷，上机纸尺寸为大4开，上机纸数量为（2500+200）张。内页为单色大对开印刷，一套正反版（2块版），一块自反版，上机纸尺寸为大对开，上机纸数量正反版为（5000+100）张，自反版为（2500+50）张。

对于书刊印刷，必须要搞清楚内页版套数、每版印刷数量与印刷方式。

印刷生产施工单（二）

<table>
<tr><td colspan="2">印件名称</td><td colspan="2">新姿期刊</td><td>客户名称</td><td colspan="3">新姿杂志社</td></tr>
<tr><td colspan="2">印件类别</td><td>期刊类</td><td>开单时间</td><td>2008年10月10日</td><td>交货时间</td><td colspan="2">2008年10月20日</td></tr>
<tr><td colspan="2">成品尺寸</td><td colspan="2">285mm×210mm</td><td>成品数量</td><td>5000册</td><td>成品开度</td><td>大16开</td></tr>
<tr><td colspan="2">原稿</td><td colspan="6">图片30张</td></tr>
<tr><td colspan="2">项目</td><td colspan="2">封面、封底</td><td>内页</td><td colspan="2"></td><td>完成时间</td></tr>
<tr><td colspan="2">P数</td><td colspan="2">4P</td><td>24P</td><td colspan="2"></td><td></td></tr>
<tr><td colspan="2">纸张名称（克重）</td><td colspan="2">157g/m² 双铜纸</td><td>80g/m² 双胶纸</td><td colspan="2"></td><td>×月×日</td></tr>
<tr><td colspan="2">用纸规格</td><td colspan="2">889mm×1194mm</td><td>889mm×1194mm</td><td colspan="2"></td><td>×月×日</td></tr>
<tr><td colspan="2">用纸数量</td><td colspan="2">625+50=675（张）</td><td>3750+75=3825（张）</td><td colspan="2"></td><td>×月×日</td></tr>
<tr><td colspan="2">印刷色数</td><td colspan="2">4+4</td><td>1+1</td><td colspan="2"></td><td>×月×日</td></tr>
<tr><td colspan="2">拼版方式</td><td colspan="2">4开拼自翻版</td><td>对开拼共3套版</td><td colspan="2"></td><td>×月×日</td></tr>
<tr><td colspan="2">印刷版数</td><td colspan="2">4开×4块</td><td>对开×3块</td><td colspan="2"></td><td>×月×日</td></tr>
<tr><td colspan="2">裁纸尺寸</td><td colspan="2">440mm×595mm</td><td>885mm×595mm</td><td colspan="2"></td><td>×月×日</td></tr>
<tr><td colspan="2">印刷机台</td><td colspan="2">1号机</td><td>2号机</td><td colspan="2"></td><td>×月×日</td></tr>
<tr><td colspan="2">印刷色序</td><td colspan="2">正常</td><td>正常</td><td colspan="2"></td><td>×月×日</td></tr>
<tr><td rowspan="3">印后加工</td><td>面纸加工</td><td colspan="3">□单面过光胶　□模切规格　mm×　mm</td><td colspan="3">完成时间　10月18日</td></tr>
<tr><td>内页加工</td><td colspan="4">□3个折手页、配页、骑马订上封面1+3=4手</td><td colspan="2">完成时间　10月18日</td></tr>
<tr><td>其他说明</td><td colspan="6">无勒口</td></tr>
<tr><td colspan="2">包装方式</td><td colspan="6">纸箱包装</td></tr>
<tr><td colspan="2">工单发送部门</td><td colspan="6">□生产管理部　□设计部　□印刷部　□印后加工部
□质检部　□仓库　□采购部</td></tr>
<tr><td>跟单员</td><td colspan="2"></td><td>负责人</td><td></td><td>备注</td><td colspan="2"></td></tr>
<tr><td>业务员</td><td colspan="2"></td><td>负责人</td><td></td><td>备注</td><td colspan="2"></td></tr>
<tr><td>制单员</td><td colspan="2"></td><td>负责人</td><td></td><td>备注</td><td colspan="2"></td></tr>
</table>

3. 印刷生产施工单实例 3

本施工单为单张广告印刷品，采用 4 色自反印刷，上机纸尺寸为正 4 开，上机纸数量为（5000 + 200）张。

印刷生产施工单（三）

工单号：201003251	工单状态：可印刷	委印单号：201003241

印件情况：

印件名：折叠式广告单	委印单位：天地公司	联系人：刘军	联系电话：
印刷数量：10000 张	原稿：一套	打样稿：四色	胶片：正四开胶片
成品尺寸：360mm × 220mm	颜色：4 + 4	承印材料：157 克亚粉	总价：5000　单价：0.5
包装要求：	交货要求：自取	来稿时间：2010 – 06 – 14	交货时间：2010 – 06 – 18
上机时间：2010 – 06 – 15	机台：CD102	车头数：	版套数：1
其他要求：			

开料：

纸张种类	大纸尺寸	大纸数量	开纸尺寸	开数	完工时间	开料员
157 克亚粉	正度	1300	390mm × 540mm	4	2010 – 06 – 15	张飞
开料要求：						

拼晒版：

拼版对象	拼版尺寸	拼版方式	晒版机台	晒版数量	完工时间	晒版员
	正四开	反咬口	CD102	4 块	2010 – 06 – 15	王雨
拼晒版要求：						

印刷：

印刷对象	印刷机台	颜色	小张	印刷用纸	上机尺寸	上机数量	上机放数	打翻	完工时间	机长
	CD102	4 + 4	2	157 克亚粉	正 4 开	5000	20	反咬	2010 – 06 – 16	刘备
印刷要求：										

印后加工：

工序名称	加工数量	完工时间	生产者
折页	10000	2010 – 06 – 17	
啤	5000	2010 – 06 – 17	张红
双面过胶	5000	2010 – 06 – 17	
后加工要求：按样折页			

备注：

阅读施工单的关键是要弄懂印刷方式、印刷颜色数、上机纸尺寸、上机纸数量（含放数）、印版套数或块数、纸张种类等。

阅读施工单的关键是什么？

任务二十二

印刷前准备

一、纸张的准备

1. 纸张的吸水性

纸张是由植物纤维组成的，植物纤维具有吸水膨胀的特性，故纸张也就能吸收空气中的水分而发生变形。纸张的含水量，在常温条件下与空气中的相对湿度处于平衡状态。但随着空气中相对湿度、温度发生变化，纸张的含水量也随之产生变化。当空气中的相对湿度增大时，纸张就从空气中吸收水分，直到纸张的含水量与空气中的相对湿度取得平衡，纸张的这种现象称为吸湿。反之就是脱湿。纸张的吸湿与脱湿，是使纸张产生伸缩变形以及纸张尺寸不稳定的根本原因。控制和稳定印刷环境的温度和相对湿度，是保证和提高印刷质量的一个重要环节。

（1）纸张含水量的变化规律

纸张的含水量与环境中的温湿度有一定的关系。根据测定，纸张的含水量随空气温度的升高而下降，随环境相对湿度的升高而升高。其一般规律是：在相对湿度基本不变时，空气温度每变化 ±5℃，纸张含水量约变化 ±0. 15%，纸张含水量与温度成反比变化关系。纸张含水量与相对湿度成正比关系，空气湿度越大，纸张含水量越多。

（2）纸张含水量与印刷的关系

纸张含水量过大，会使纸张表面强度下降，油墨干燥时间延长。纸张含水量过低，会使纸张变得硬而脆，无弹性，易产生静电，影响纸张传输。纸张吸湿使纸张含水量增大，纸张尺寸伸长，纸张脱湿使纸张含水量减少，纸张尺寸缩短。纸张伸缩就易导致印刷中套印不准故障。如果纸张吸湿与脱湿不均匀就会使纸张伸长与缩短也不均匀，结果造成纸张产生不均匀变形，出现紧边、荷叶边、卷曲现象。紧边是指当环境空气干燥时，纸堆边向外放出水分而收缩，使纸边的水分低于纸张中间的水分，纸边收缩向下弯曲。荷叶边是指环境湿度增高时，纸堆四周边吸收水分而伸长，纸张中间的水分仍保持不变，使纸边伸长呈波浪形。卷曲是指纸张正反面吸水不均匀，使两面尺寸产生差异，纸张向含水量小的一面卷曲。以上纸张变形在印刷时对输纸、定位及收纸都会产生影响。

2. 纸张的调湿处理

调湿的作用是为了使纸张在印刷过程中保持尺寸稳定，降低纸张对湿度及版面水分的敏感度，提高套印的准确性，防止纸张出现不均匀变形现象。纸张的调湿方法如下。

（1）印刷机房调湿法

事先把纸切好后堆放到印刷车间放置一段时间，让纸张水分与车间温湿度达到平衡状态。否则，最好就是裁切后马上印刷，以防纸张变形。

（2）烘房调湿法

对于产生荷叶边的纸张可以放到烘房中烘干，解决荷叶边造成印刷起皱问题。

（3）晾纸房调湿法

对于带静电的纸张或者产生荷叶边、紧边的纸张都可先在晾纸房进行吊晾，让纸张吸湿或脱湿。对于荷叶边的纸张可以加热脱湿，对于紧边的张纸可以吊晾加湿。

（4）印刷机空压法

当纸张过分干燥，不适合印刷时，可以先用清水空压一次，提高纸张的含水量，并可消除纸张表面的纸粉与纸毛。

（5）纸张周围加湿法

对于紧边的纸张或者带静电的纸张还可以用在纸堆周围进行人工洒水加湿的方法进行调湿，以改善纸张的印刷适性。

3. 纸张的使用与保管

（1）纸张的使用

在印刷工艺操作中，对纸张的使用，特别是对非涂料纸的使用，一般应注意三个方面的问题。

① 纸张的正反面。纸张具有正反面性，这是造纸过程中形成的。纸张的正面平滑、细密，而反面粗糙、有网痕。纸张正反面的差别虽然较微小，但对印刷效果会产生影响。因此，在纸张裁切、储存、备料或印刷过程中，都应严格注意区分，防止纸张正反面混杂使用。

② 纸张的丝向。纸张纤维的排列取向具有方向性。因此就出现了纸张的纵向与横向，由于纸张的纵向与横向在机械强度和伸缩变形量等方面是大不相同的，所以在印刷中应加以注意。

③ 纸张的白度。由于纸张生产批次不同，会产生白度不一致的情况，印刷以后，就会引起印刷品颜色的变化。这些纸印完装订成册后，其外观效果产生差异，因此，在印刷时也应特别注意不要混用。

（2）纸张的堆放

纸张堆放要注意以下几点。

① 应合理选择储存场地，注意纸张堆放环境的整洁、通风、避光。

② 平板纸的堆放应一律平放，切不可竖放，不能卷曲与折叠堆放，裁切后的纸张应撞齐后堆放，以防纸边弯曲折坏。

③ 卷筒纸的堆放不应过高，以防压坏纸边和筒芯，破坏卷筒纸的圆柱度，卷筒纸不宜直接放到地上，应有衬垫物，交叉堆放。

④ 纸张堆放的环境要求：相对湿度50%～55%，温度10～20℃。

（3）纸张的保管

纸张保管是一项重要的工作。对于从造纸厂或纸库运来的纸张，不能由高处向下抛掷、乱摔，以免发生散件或损伤纸张。另外，纸张不可竖放，要一律平放。纸张在露天停放时间不宜过长，要及时运进车间或纸库。纸张要按品种和类别进行堆放、并排列整齐，防止串乱放置。执行先入库先发放使用的原则。库存的纸张类型、数量、保管情况要定期检查与清点，以确保印刷生产用纸。除此之外还要注意以下问题。

① 防潮。由于纸张纤维是较强的吸水性物质，纸张对空气湿度十分敏感，纸张中的水分会随空气湿度的变化而变化。

② 防晒。纸张必须避免阳光的直接照射，否则纸张中的水分被蒸发使纸张发脆，含有木素的纸张会发黄，同时会引起纸张起皱，严重的会影响印刷生产。

③ 防热。纸张不宜放在温度过高的地方，纸张在受到超过38℃高温时，其机械强度会降低，特别是涂料纸会黏结在一起成为废品。

④ 防折。纸张在拆包放置时，应使纸张平摊堆放，绝对避免一折三叠堆放，这样日久会使纸张变形褶皱。同时在堆放时，纸的两端不可交错凸出，以免影响印刷生产。

4. 装纸要求

（1）双面印刷在印完正面印反面时，应松纸后才能装纸，以免纸张粘连。

（2）纸张中如有坏纸（烂纸）应选出后才能装纸。

（3）不整齐的半成品应先撞齐堆放好，提前做好装纸准备。

（4）纸张未干不能撞纸，印迹未干透时撞纸应轻拿轻放，刚印完的印张如要撞齐应用手拿空白部分且最上面放一张过版纸再撞。

（5）装纸太高时如纸面不平整应用纸垫平后再装，或者控制纸堆高度。

（6）刚印完的印张，手不要拿图文部分操作。

（7）撞纸前应先松纸，让空气充分进入纸中，如纸不平整，发生弯曲、上翘、下垂，应进行敲纸处理。但铜版纸一般是不能敲纸的。

（8）装纸时，应事先松一下，以便空气进入纸中。

二、油墨的准备

1. 常用油墨选用

（1）根据印件种类与特点选择

四色印刷品选用四色墨，并一定要选用同一品牌的四色墨。高档四色印刷品可选用高档四色墨，普通四色印刷品选用普通四色墨。常见三原色墨颜色配伍关系是中黄、大蓝、洋红或者中黄、天蓝、桃红。文字印刷品一般选用中低档普通单色墨。

（2）根据承印物种类选择

铜版纸一般选亮光型快干墨或快固墨，胶版纸可选普通胶版树脂墨或快干墨，书写纸一般选普通树脂墨，白板纸一般选快干墨或快固墨。报纸印刷一般选用轮转墨。

（3）根据印件油墨量选择

实地满版印刷品一定选用快固墨，大色块实地印刷品可选快干墨与快固墨，小墨量印刷品油墨选择由其他条件决定。

（4）根据印件颜色选择油墨

报纸套红、红头文件的套红使用金红墨。

2. 油墨印刷适性调节

一般情况下尽量使用原墨进行印刷，不需要添加任何助剂，只有在以下的特殊情况下才需要调节油墨的印刷适性。

（1）冬天温度过低造成油墨变硬，需要添加6号调墨油使油墨变软。

（2）满版实地印刷一般需要添加干燥剂提高油墨干燥速度，并可添加少量的防脏剂防止印刷品过底。

（3）墨量极大的印刷品一般也需要添加干燥剂来提高油墨干燥速度。

（4）纸张拉毛或油墨太黏一般可添加少量的去黏剂来降低油墨的黏度与黏性、减轻拉毛现象。

油墨印刷适性调节常用助剂如下：

（1）油墨黏度调节。一般选用调墨油或撤黏剂调节。

（2）油墨干燥性调节。一般选用红燥油或白燥油进行调节，红燥油用于油墨表面的推干效果较好，白燥油对油墨的内部推干效果较好。单色印刷一般选红燥油就行了。四色印刷一般在最后色选用红燥油，前面色选用白燥油。

（3）油墨黏性调节。一般选用去黏剂，也可选用防脏剂，去黏剂不但可以降低黏性，同时也可降低油墨黏度，防脏剂在降低油墨黏性的同时还有防止印刷品过底的效果，但不能加得太多。

以上所有助剂合计起来一般不要超过油墨总量的5%，最好不要超过3%。

3. 油墨的使用与保管

（1）正确估计油墨用量

根据印版的总体墨量及印刷数量来决定装墨量，对于短版印刷，应少装些油墨，以免剩余油墨太多又要装回。对于专色油墨，要一次性配足，以防不足造成第二次调墨，影响墨色的一致性，但也不能配得太多造成浪费，因此，平时要加强油墨用量的统计，提高估计能力。

（2）余墨保管与利用

墨斗中的剩余油墨要装回墨罐，如果墨斗中的油墨不宜装回原墨罐，也不要丢掉，可以装到旧墨回收罐，用来印刷低档产品或者用于专色墨调配。

（3）储存条件

未开启不用的油墨应退回仓库保存，开启后的油墨应存放在避免阳光直射或热辐射的地方。保存时应盖好墨盖，并可喷些止干剂或者加一层水。

（4）保存期限

保存期一般不超过2年，期限越长，油墨越易产生胶化、干固现象，影响使用。

（5）正确选用

根据印刷品不同及纸张不同进行选择使用，油墨质量好并不适合所有情况印刷，适合才是最好的。

（6）科学调节油墨适性

根据印刷环境与印刷实际情况适当调节油墨适性，使油墨更适合具体的印刷条件、印刷机械、印刷纸张等，从而提高印刷效果与印刷质量。

（7）专色墨标注

剩余的专色油墨一定要用印刷色样标注在墨罐上，以便于下次使用时参考。

（8）建立油墨库存登记制度

机台用多少领多少，多领的要退回仓库，仓库应建立登记制度，进、出库情况一目了然，可提高油墨使用效率，减少库存，及时采购，降低成本。

4. 装墨要求

（1）去干净墨皮，不要把墨皮带到墨槽中。

（2）墨罐中的剩墨要刮平，不能高低不平，影响下次取用。

（3）油墨装到墨槽后要用墨铲左右搅拌均匀。

（4）油墨装好后墨罐要放回原处墨架上，不能放在机台侧面墙板或踏板上。

（5）墨铲可放在专用墨铲架上或者墨罐上。

（6）装墨时根据油墨流动性及印刷产品特点决定是否需要添加助剂，添加后要充分搅拌均匀。

三、润版液的准备

1. 润版液的作用及对印刷质量的影响

在印刷过程中，润版液在印版表面空白部分形成水膜抵抗油墨的黏附与扩散，可防止印版空白部分上墨起脏。如果润版液过少，油墨就会向印版空白部分扩散，出现网点扩大、糊版甚至空白部分起脏的现象；相反，如果润版液过大，水膜就会向印版图文部分扩散，造成网点缩小与丢失，出现图文发花发虚现象。因此，水量大小对网点的扩大及图文的深浅有直接影响，水量大小的变化直接影响印刷品的墨色深浅与产品质量，掌握好水量大小是控制好印刷质量的重要因素之一。除上述作用外，润版液还有以下作用。

（1）降温作用。墨辊之间高速运转、墨辊与印版高速运转都会产生高温，润版液起到降温作用，因此胶印机不用另外加装降温装置。

（2）润版液还有清洁印版的作用。印刷过程中，纸粉、纸毛转移到印版上，通过润版液进行清洁。

（3）保持印版空白部分良好的润湿性。当印版空白部分磨损后，润版液可以与铝版基反应生成新的亲水盐层保持印版空白部分良好的润湿性。

2. 普通润版液的组成与配制

润版液目前主要有普通润版液与酒精润版液两种。普通润版液是在水中加润湿粉剂及少量封版胶配制而成。一般的润版液由水、酸、无机盐、亲水胶体和表面活性物质组成。水在润版液中的比例最大，作为润版液中各种化学物的载体，是润版液的主体。

润版液中常用的亲水胶体为阿拉伯胶和羧基甲基纤维（CMC）。

阿拉伯胶（或CMC）能牢固地吸附在印版表面，增加版基表面的亲水性。不但如此，亲水胶体还可以在印版表面形成一层致密的保护层，阻断版与其他物质接触，保护印版。

酸具有抗脂去油性，能消除印版表面的油脏。酸的另一种重要作用是与印版表面发生化学反应，在印版表面形成一层无机盐层，增强版基的亲水性能。但酸性过强，也会腐蚀印版，因此，我们要严格控制润版液的酸性。

无机盐，如磷酸盐、硝酸盐等，利用其在润版液中发生电离现象，达到维持润版液的 pH 值的目的。

表面活性物质能降低润版液表面张力，使润版液在印版表面铺张，形成较薄的水膜。较低的表面张力同样也可以使润版液在压力作用下，与油墨产生乳化，对印刷产生不良影响，所以不能无限制地降低润版液的表面张力。

配制方法：使用固定容量的水桶或水壶量取自来水，用量杯或量器量取定量的润湿粉剂（按说明书规定的比例计算好），并取少量的封版胶一起加到水中，摇均溶解后即可使用。

3. 酒精润版液的组成与配制

酒精润版液是在水中加酒精、润版原液配制而成。酒精的作用是降低水的表面张力，提高水与印版的润湿性，用更少的水膜来对抗墨膜。使用酒精润版液，印版水膜较薄，用水量少。由于酒精具有挥发性，故酒精润版液一般都需要配备专门的循环冷却装置来降低温度，以减少酒精挥发。酒精浓度一般控制在 8% ~12% 之间，温度控制在 8 ~12℃之间。酒精润版液中其他成分与普通润版液相同，不再重复介绍。

配制方法：用量杯或量器量取规定量的酒精与润版原液加到水箱中即可使用。

四、印版的准备

1. 印版质量检查

印版质量检查包括晒后检查与装版前检查，主要是为了提前发现印版的缺陷，并及时处理，不能处理的要重新晒版，以免影响印刷生产，降低生产效率。检查内容主要有印版背面是否有异物，印版正面空白部分是否有划伤，图文部分是否有划伤，印版空白是否氧化变质，图文部分是否脱落与残缺，印版是否有其他物理性损坏，印版厚度是否一致、图文部分是否有烂网现象、图文是否晒反、图文位置是否晒准确等。

在鉴别印版叼口时，有晒版角线的，有角线一边为叼口，裁切线与版边距离一般为 4 ~8cm，符合此规定的一边为叼口；有打孔的，打孔边为叼口。通过以上方法基本上可以判断出印版的叼口。

2. 晒版工艺流程

晒版工艺流程为：检查胶片——→装版——→放片——→盖好玻璃盖——→抽气——→曝光——→冲洗——→检查——→上胶——→干燥。

晒版前要认真检查胶片，看胶片是否有质量缺陷，胶片是否拿错，若胶片上有脏点或灰尘，要用酒精擦干净。放片时要注意胶片正反面不要搞错，胶片膜面朝下，阳图型 PS 版放片时文字应该是正向的才对。放片时要用晒版条定好位置。盖玻璃盖时要轻柔，不要让胶片移位。冲洗后要检查晒版质量与缺陷。干燥可以是自然晾干，最好是用风扇吹干，这样既快又好。晒好的 PS 版放在光线不强的暗处保存，不能放在有阳光或灯光直射的地方保存。

五、印刷机的准备

1. 印刷机常规检查

印刷机常规检查主要是为了防止出现设备事故，以安全检查为核心内容。检查时可以从飞达开始逐项进行，以免漏检。检查内容包括：检查交接记录了解设备状况；检查飞达上是否有他物；输纸台上是否有他物；水路墨路中是否有异物；机器两侧墙板上是否有不应该放的物品；生产工具是否放在规定的地方；机器安全装置是否正常有效；有否其他危险或禁止开机的情况等。

2. 印刷机预置

印刷机预置指开机之前根据印件情况对印刷机进行必要的预先调节工作。预置内容主要是改规所对应的内容，具体预置内容包括：分纸头位置；输纸板上压纸轮位置；前规与侧规的选用与调节；递纸牙高度调节；印刷压力调节；印刷方式选择；印刷机组选择；齐纸板位置调节；吸引车位置调节等。对于多色电脑机，还要对水量、墨量、预润湿、预上墨进行预置，水墨预置也可在上水、上墨前进行。

印刷时需要调节哪些部位，要根据实际改规情况决定，如果没有改规，一般不用调节。

印刷前准备

一、实训目的

熟知印刷前的准备工作内容与要求，强化印刷前准备的意义。

二、实训用具

PZ1650 胶印机，印刷材料及辅助材料。

三、实训内容

阅读施工单。

润版液配制。

纸张处理与装纸。

油墨选用与装墨。

印版检查。

印刷机检查。

印刷辅助材料准备。

四、实训过程与要求

首先阅读施工单及生产交接记录，掌握生产情况，然后检查设备交接记录，掌握设备状况。在掌握以上情况的基础上，听从教师或机长的安排，进行各项生产准备工作。

印刷前准备工作内容有纸张准备、油墨准备、润版液准备、印版准备、印刷机检查、印刷辅助材料的准备、生产工具的准备、过版纸的准备等。各项准备工作要求纸张装到机台上、油墨装到墨槽中、印版装到机器上、润版液加到水槽中、辅助材料到位、生产工具到位、印刷机进行安检并处于准备状态、过版纸校版纸准备好。

教师先示范一次，按真实生产流程进行教学，学生协助与观看，然后由学生自由练习。也可在教师指导下由学生进行印刷前准备。

五、实训考核

本实训不考核。

六、实训报告

要求学生写出《印刷前准备实训报告》。

1. 纸张含水量与印刷有什么关系?
2. 纸张含水量与环境温湿度的关系是怎样的?
3. 简述纸张调湿处理的作用与方法。
4. 纸张保管要注意哪些问题?
5. 油墨选用的原则主要有哪些?
6. 去黏剂与防脏剂在作用上有什么区别?
7. 装墨有哪些要求?
8. 余墨如何有效利用?
9. 简述润版液的作用与组成。
10. 酒精润版液与普通润版液在组成与作用上有什么不同?
11. 印版质量检查包括哪些内容?
12. 印刷机常规检查包括哪些内容?

任务二十三

输水与输墨

实训指导

一、输水与输墨条件

输墨条件：墨辊吸附油墨性能良好，墨辊之间存在一定的接触压力，接触良好。

输水条件：水辊具有良好的吸水性、润湿性，水辊之间接触良好。

二、墨量与水量控制原理

1. 墨量调节与控制

（1）墨量调节

墨量调节分为局部调节和整体调节。局部调节是通过改变墨斗片与墨斗辊间隙大小来控制，调节墨斗键来实现。整体调节是通过改变墨斗辊转角或转速来控制。

调节方法包括手工调节与自动控制。自动控制采用伺服电机来实现，墨斗片采用分段式，墨斗辊转速采用直流电机实现无级调速。局部墨量控制原理如图 3－1 所示。通过电机 5 转动螺杆 6，并通过旋转副 7 及连杆机构使偏心计量辊 9 转动，从而可改变计量辊 9 与墨斗辊 1 的间隙。

墨量自动调节装置又称油墨遥控系统。在现代多色机中大都装有油墨自动控制系统，可实现油墨的初始化快速预调及印刷过程中的自动控制。其工作原理是用步进电动机取代手工调节，步进电动机通过电脑控制，从而可实现远距离遥控操作，一般在看样台上都设计有油墨控制面板，不必每次都上机台调节，其他基本与手工调节类似。

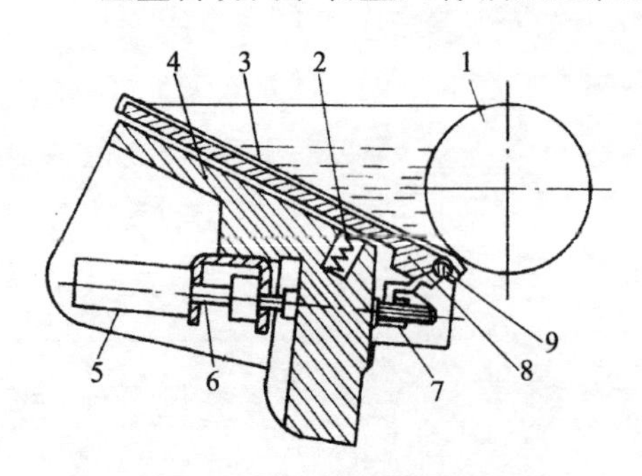

图 3－1　局部墨量控制原理

1—墨斗辊；2—弹簧；3—涤纶片；4—墨斗架；5—电机；6—螺杆；7—旋转副；8—墨斗片；9—计量辊

（2）油墨预置

油墨预置指对油墨进行预先调节。油墨预置包括两个阶段，第一阶段为墨辊上墨，又称为预上墨；第二阶段为墨辊上墨后的预置，又称为墨量调节。单色机预上墨一般手动进行，直接用墨铲在墨辊上打墨，使墨辊上的油墨均匀一致。多色机因有油墨遥控系统，一般不用手动打墨，预上墨时，墨斗辊与墨斗键都开到最大，经过一定转数以后（可预先设置），墨辊上即涂上均匀的油墨，墨辊上墨结束。墨量调节是根据印版的吃墨量分布进行调节，吃墨量多的地方开大些，吃墨量小的地方开小些。墨量整体调节根据版面油墨总量进行掌握，印版总体墨量较大，整体调节开大些，否则开小些。但印版墨量整体较小时，局部调节也应都开小些，以免造成整体调节量过小，不利于油墨整体调节。

（3）墨开与墨停

油墨能否从墨斗传到墨路中去是由“墨开”与“墨停”来进行控制的，“墨开”与“墨停”实质上就是通过控制传墨辊的摆动来实现的，传墨辊传墨如图3－2所示。当按“墨开”时，传墨辊摆动，油墨通过传墨辊不断地从墨斗辊传到墨路中去。当按“墨停”时，传墨辊停止摆动，油墨自然不能从墨斗中传出。

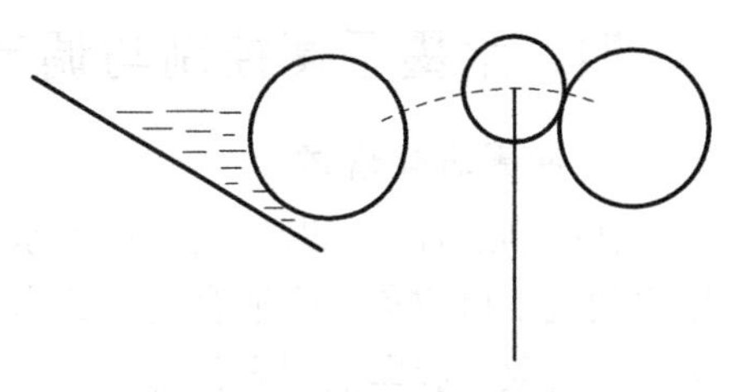

图3－2　传墨辊传墨

如果每次合压印刷都需要手工去进行“墨开”与“墨停”，当然很不方便，所以印刷机就设计了一个联动功能，当合压印刷时，传墨辊可以自动传墨，当离压不印刷时，传墨辊自动停止摆动，不再传墨，从而实现自动控制。一般情况下，传墨辊应处于自动态。

2. 水量控制与调节

（1）水量调节

由于输水装置的多样性，输水控制与调节方法也不完全相同，但基本上有以下几种方法。

传统输水装置的水量控制原理与墨量控制相同，通过水斗辊的转角或转速大小实现整体水量调节，局部一般不能调节，但可人工做纸条（或用橡皮刮板）置于水斗辊上控制。

连续输水形式一般通过计量辊来控制，控制方法主要有两种，一是改变计量辊与水斗辊的间隙来控制（规范操作一般不用），二是改变计量辊或水斗辊的转速来控制。局部一般也不能调节。

（2）水量预置

由于水量调节一般没有局部调节，只有整体调节，故水量预置也就是水量整体预置。水量预置也分两个阶段，与墨量预置类似，不再重复介绍。由于胶印机水路分为有水绒套型与无水绒套型，不同类型的水量预置值有较大差别，对于有水绒套型胶印机，如果水绒套干了，水辊预上水要很多，为了减少预上水时间，可以紧急加水或手工加水。如果水绒套较湿，贮水较多，就不用预上水。对于无水绒套的胶印机，因水路中不能存储水分，故预上水就是必须的，但预上水量一般不用很多。为了应付印刷的紧急加水需求，多色胶印机每色组一般都设有紧急加水按键，用于干水时的紧急加水及快速预上水操作。水量大小影响因素较多，具体在水墨平衡中介绍。“水开”与“水停”同“墨开”与“墨停”原理，不再重复介绍。

三、串墨辊串动量调节

胶印机一般有四根串墨辊，互相之间可以来回串动，串动量与串动返回位置（串动相位）都可以调节。串动量调节原理一般是通过改变一个偏心机构的偏心距来实现的。串动量大小与轴向匀墨效果有直接关系，串动量越大，轴向匀墨效果越好，但单个墨斗键的调控作用范围也就越大。串动相位一般用机器度数来表示，主要影响油墨在印版前后方向的均匀性。

四、水墨平衡控制与调节

1. 油墨乳化现象

在印刷过程中，既要给印版上水又要给印版上墨，并且反复进行，这样一来，水与墨之间就不可避免产生混合现象，由于水与墨是互不相溶的，因此，水与墨之间就会产生乳化现象，胶印油墨乳化是不可避免的。如果水量过大，油墨乳化就会很严重，当油墨乳化超过一定的程度，就会使印刷品墨色浅淡，甚至导致图文部分发虚，影响印刷品的质量。同时，油墨过度乳化会使油墨黏度下降，影响油墨在墨辊中的传递。因此，印刷时，在保证印版空白部分不起脏的情况下尽量减少水量，降低油墨乳化程度。影响油墨乳化的因素很多，下面简要说明。油墨黏度越低，油墨越容易乳化；油墨助剂一般都能促进油墨的乳化；水量越大，油墨乳化越严重；油墨清洗剂与封版胶都能促进油墨乳化。在清洗墨辊、橡皮布及印版时可以利用油墨乳化原理来提高清洗效果，也就是使用油水混合乳化液来擦洗机器。

2. 水墨平衡影响因素及其控制

水墨平衡就是指印刷过程中水量与墨量之间的平衡状态。印刷过程中水墨必须保持平衡，否则会导致印刷质量故障，印刷无法继续。影响水墨平衡的因素有很多，水量变化、墨量变化、油墨黏度变化、环境温度变化、油墨乳化程度变化、印刷速度变化、印刷材料变化等都会导致水墨平衡产生变化。水墨平衡的表现形式主要有墨小水小、墨大水大、墨稠水小、墨稀水大等，其中墨稠水小是较理想的一种水墨平衡形式，其他水墨平衡形式都不利于提高印刷品的质量。控制水墨平衡就是要控制好水量与墨量，在印刷过程中尽量不要改变印刷条件与印刷环境因素，保证输纸正常，不能时停时开，不要随意改变水量大小、墨量大小、印刷速度、油墨黏度、印刷材料，不要随意向油墨中添加助剂，在印刷过程中还要做好“三勤”：勤看样、勤看墨斗、勤看水斗。当不得不改变以上因素时应同时控制调节水量或墨量使水墨达到新的平衡状态，一般调节关系式如下：印刷速度增加，水量要开小些；油墨黏度降低，水量要增大；墨量增大、水量要增大。

3. 水量大小鉴别与影响因素

单色机一般可通过观看印版表面反光程度来初步判断水量大小。在开机后先放水辊，观看印版表面反光程度，反光多，水量大，否则水量小。然后放下墨辊，再看印版反光程度以准确判断水量大小。水量大小与哪些因素有关呢，下面做简要说明。版面图文面积越大，用水量越大；印版砂目好用水量少；纸张结构松、施胶度小、平滑度低，用水量大；油墨易乳化，用水量大；油墨稀，用水量大；机器速度慢，用水量大；环境温度高，用水量大。对于多色胶印机，一般通过观看印刷品直接判断水量大小。

4. 墨量大小鉴别与影响因素

单色机一般可通过观看墨辊接触线的墨量判断墨量大小，多色机只能通过观看印刷品判断墨量大小，用手触摸图文部分或用手指按压图文部分感知墨膜厚度来判断墨量大小。墨量大小影响因素不多，主要根据印版图文部分吃墨量决定，印版图文部分越深越密，需要墨量就越多。另外，油墨的黏度与墨量大小也有一定关系，一般油墨稀，墨量要开小些。

注：以上所指水量、墨量开大些或开小些，是指水量、墨量调节数值大小。

输水与输墨

一、实训目的

熟悉水量、墨量预置操作及要点，熟悉墨量大小与水量大小判断方法，熟悉串墨辊调节方法。

二、实训用具

PZ1650 胶印机，油墨。

三、实训内容

油墨预置。
水量预置。
串墨辊调节。
水墨平衡控制。

四、实训过程与要求

1. 油墨预置

把油墨装到墨斗中，然后根据印版吃墨量分布调节墨斗键与墨斗辊数据，使墨斗辊上的墨层厚度分布符合自己的预期，墨斗辊转角适当，初步调好后开机、开墨，这时要仔细观看油墨转移情况，并判断墨斗辊上的油墨分布是否符合预期，如不满意，这时还应进行调节，与此同时，还要不断观看墨路中的墨量大小，如果出墨量最大的地方墨量够了，就要停止传墨，对于墨小的部位，可以用墨铲手动打墨到墨辊上加墨，初学时，应该停机后手动加墨，可防止出现安全事故。如不停机加墨，墨铲不能与墨辊直接接触，只能让油墨自己掉落到墨辊上去。通过手动加墨后，应使墨辊上的油墨分布均匀一致，此时，输墨才算完成。对于印版吃墨量分布比较均匀的情况，只要墨斗辊上墨层厚度调均匀了，一般就不需要手动加墨了。另外还有一种油墨预置方法，那就是在停机状态下用墨铲手动在墨辊上涂布一层均匀适量的油墨，开机运转几分钟后墨路中即获得均匀的油墨了，上墨时，不用开墨，墨斗键的调节同样根据印版吃墨量分布情况进行预先调节。

2. 水量预置

在停机状态下，用手摸一下水绒套的干湿情况，根据情况确定预上水量，如果水绒套较干，开机后应先向水路中手动加较多的水，如果水绒套较湿，开机后可以不加水或者少加水。水量大小旋钮调节到适当位置。

3. 水墨平衡控制

当上水上墨完成后，就可以擦版落水辊了，水辊靠版后首先要观看一下印版表面的水量大小，如果印版表面暗淡无光，应在水路中适量加水，然后让墨辊靠版，再观看印版上水量情况，如果出现干水糊版，应在糊版处加水，如印版上暗淡无光，也应少量加水，以防干水故障出现。如果出现水大现象，印刷时应停止开水（把“水开”置于常闭位置），并多放一些过版纸把水带走，或者直接用过版纸把水辊中的水卷走一部分再开机。如果印第一张出来后发现墨量过大，先停止开墨（把“墨开”置于常闭位置），可以多放些过版纸把墨路中的油墨带走一部分直到合适后再把“墨开”置于自动位置。也可直接用铜版纸把墨辊中的油墨卷走一部分再开。如果墨量过小，可以在开机后直接开墨传点墨到墨路后再印刷。

4. 串墨辊调节

先开机观看串墨辊串动情况及串动量，然后停机，松开偏心紧固螺钉，用手移动连杆调节，紧固螺钉，最后再开机观看效果，如果不理想，再重复以上操作进行调节。一般串动量要求在20mm左右。

教师先分项目示范操作并讲解操作要求与注意事项。然后学生分项目进行练习，教师指导。一个项目完成后再进行下一个项目。每个学生练习上墨后要清洗墨辊，然后由下一个学生进行练习，轮流进行。本实训也可以不搞集中式训练，每次上课需要输水输墨时可以安排学生进行练习。

五、实训操作规程

1. 预上墨操作规程

操作步骤：

装墨──→开机──→墨开（传墨）──→调节墨斗键──→观看墨量大小──→墨量合适后停止传墨（墨关）。

操作要求：

（1）墨辊上墨要求均匀一致，故开始传墨也可用墨铲打墨。

（2）墨斗键根据印版图文分布来调节，图文多的地方开大些，图文少的地方开小些。

（3）墨量大小一般可通过观看靠近水辊的那根着墨辊与串墨辊之间的墨量来判断。

2. 预上水操作规程

操作步骤：

水斗装水⟶开机⟶水开（传水）⟶用水瓶适量紧急加水。

操作要求：

输水与输墨要同时进行，输水时不要过量。

六、实训考核

本实训不单独考核。

七、实训报告

要求学生写出《输水输墨实训报告》。

1. 简述墨量控制的基本原理与调节方法。
2. 单色胶印机如何上墨（预上墨）？
3. 如何进行墨量调节？
4. 水绒套型胶印机如何进行水量预置？
5. 哪些因素可以促进油墨的乳化？
6. 水墨平衡的表现形式主要有哪几种？
7. 控制水墨平衡的主要措施有哪些？
8. 印刷用水量大小与哪些因素有关？
9. 墨量大小如何鉴别？

任务二十四

校　版

实训指导

校版就是改变图文在纸张上的位置，实现色与色之间套准，校版的方法有拉版、借滚筒、调规矩、滚筒位置微调等。

一、确定图文在纸张上的位置

（1）有裁切线的，裁切线必须出齐。

（2）有模切线的，模切线必须出齐。

（3）没有任何辅助线的，图文必须出齐。用原稿比对，原稿尺寸必须全部落在纸张内，原稿图案全部印出。

（4）凡是需要印后折页的，尽量使图文左右居中、上下居中，有利于折页。居中可以中线为依据判断，也可以页面空白边距为依据判断。对于不需要折页的，规矩线基本居中即可，并不强调严格居中。

（5）叼口水平。即左右十字线到叼口的距离相同。

二、拉版

拉版就是调节版夹的位置来改变印版在滚筒上的位置。主要拉版情形有：①两侧同向拉版；②单侧拉版；③两侧反向拉版。

三、借滚筒

一般指改变印版滚筒与其传动齿轮的周向位置。借滚筒原理及实物图如图 3 – 3 所示。具有四个长孔的滚筒传动齿轮通过四个螺钉与法兰盘连接起来，法兰盘与滚筒通过销固结在一起，松开螺钉，滚筒传动齿轮与法兰盘脱开，然后转动印版滚筒或转动齿轮都可改变印版滚筒相对于橡皮布滚筒的周向位置，从而实现借滚筒的目的。

特点：周向两端变化量一致，且方向相同。

应用：主要用于平行版位调节或调节量较大时。

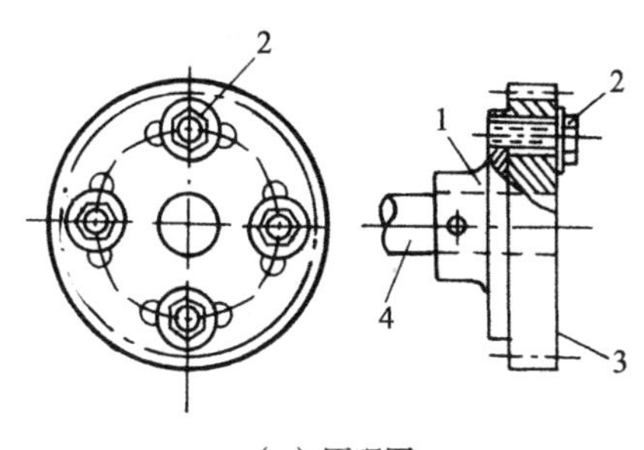

（a）原理图

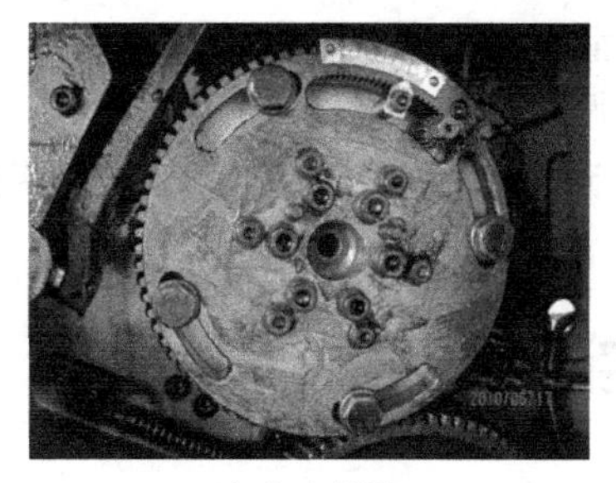

（b）实物图

图3－3　借滚筒原理图及实物图

1—法兰盘；2—紧固螺钉；3—滚筒齿轮；4—滚筒轴

四、调规矩

调规矩指调节前规与侧规的位置来改变图文在纸张上的位置，实际上是移动纸张的定位位置来进行校版的，印版位置并没有变化。纸张移动方向与印版移动方向正好相反，如果印版要拉高，纸张就应向下（前规向前调），如果印版要靠身，纸张就要朝外调（侧规朝外调）。通过前规调节来校版，其调节量最好要控制在3线以内，大于3线不应调节前规，以防前规歪斜，影响纸张定位。调规矩在单色机中可用于校正色与色之间的套准，但在多色机中只能用于改变图文在纸上的位置，不能校正色与色之间的套准。

五、滚筒位置微调

滚筒位置微调通过单独的伺服电机驱动版位调节机构，实现印版滚筒位置的少量改变。一般可实现轴向与周向双向调节，有的机器还可进行对角方向调节，即斜向拉版功能。一般情况下，滚筒位置微调量都不是很大。

（1）周向微调

原理：通过轴向拉动印版滚筒齿轮来实现周向版位微调。

$$\Delta R = \Delta E \mathrm{tg}\beta$$

式中，ΔE 为齿轮轴向移动量；ΔR 为微调量；β 为轮齿螺旋角。

调节量一般为±1mm。

（2）轴向微调

原理：通过直接拉动滚筒作轴向移动来实现。

调节量一般为±2mm。

（3）斜向微调

原理：有的机器是拉动印版滚筒作水平转动，使印版滚筒中心线与橡皮布滚筒不平行，不宜长期处于此状态。有的机器是不拉动滚筒，而是通过拉动版夹一端的高低位置来实现，原理类似于手工拉版。

拉动滚筒的调节量一般为±0.2mm。

（4）滚筒位置微调注意事项

① 一般要在开机状态下调节。

② 尽量不要调到极限位置。

③ 换版前要复位（清零）。

④ 拉动滚筒的斜向调节不宜长期使用。

校　版

一、实训目的

熟悉借滚筒操作、规矩调节，强化拉版操作。让学生熟悉校正印版的方法，正确选用校版方法，提高校版的速度与水平。

二、实训用具

PZ1650 胶印机，印版一块，已印好第一色的印张 1000 张。

三、实训内容

借滚筒：每次半小时，每人两次。

拉版：每次半小时，每人两次。

四、实训过程与要求

1. 借滚筒

通过借滚筒套准其中一边。松开印版滚筒固定螺钉，判断调节方向，拉高印版滚筒向后调，逆时针方向调节；拉低印版滚筒向前调，顺时针方向调节。调节前先记住原刻度值，调节后再紧固螺钉。调节扳手的旋向与印版滚筒的移动方向相一致。

2. 调侧规

当来去方向套不准时，可以通过调侧规来纠正，调侧规实质上是调纸张，故印版调节方向与纸张调节方向正好相反，当印版图文需要向朝外方向调时，侧规应向靠身方向调。当调节量大于 1mm 时直接调节侧规矩，当调节量小于 1mm 时，应使用侧规微量进行调节，顺时针调节，侧规靠身移动，逆时针调节，侧规朝外移动，转动 360°大约移动 1mm。当侧规移动量大于 2mm 时，一般还要对纸堆位置进行相应的调节，以防止纸堆与侧规距离不当造成侧规拉纸距离不合适出现来去走规现象。在调节侧规时还要记住同时调节侧规底板位置，不要让侧规侧挡板压在侧规底板上造成侧规不拉纸现象。

3. 前规微调

当上下方向套印误差在 0. 5mm 以内时，可以使用前规进行校准。调节前规也是移动纸张，移动方向与拉版方向相反。如果印版图文要拉高，纸张应向前调，如果印版要拉低，纸张应向后调。纸张移动方向也就是前规调节方向，调节量每小格为0.1mm。调节时要注意靠身与朝外边的区别，不要搞混了。

4. 拉版

拉版方法与要求参见拉版实训项目。

以上各项操作教师先示范操作一次，然后由学生分别进行训练。借滚筒、调规矩、拉版应分开单独进行训练，每人至少训练一次以上，拉版操作应训练两次以上。第一次练习印刷白料，第二次练习在已印第一色的印刷品上套印第二色。

教师先印1000张单色样，学生套印第二色，只进行校版操作，不管其他方面问题。

五、实训操作规程

1. 借滚筒操作规程

操作步骤：

先松开三个印版滚筒固定螺钉──→松开最后一个固定螺钉──→看清原指针所指刻度──→调节──→紧固四个螺钉。

操作要求：

（1）松开最后一个螺钉后不能再点动机器。

（2）调节前先看清原刻度。

（3）拉高，刻度逆时针转，指针顺时转，扳手逆时针转，拉低正好相反。

（4）借滚筒对印版在靠身与朝外的移动量是相等的，方向是相同的。故借滚筒只适合于两边需要同时拉高或拉低的情况。一般在调节量比较大的时候或不能拉版时采用。

2. 侧规调节操作规程

操作步骤：

侧规粗调。松开锁母──→看清刻度──→用螺丝刀轻轻敲打侧规──→调节完毕──→锁紧锁母──→调节侧规底板与纸堆。

侧规微调。使用专用工具──→顺时针转动向靠身调。

操作要求：

（1）当调节量少于1mm时，使用侧规微调，转一周约1mm。

（2）粗调侧规超过2mm时，一般都要同时调节纸堆来去位置，以确保纸堆与侧规相对位置关系合适，即侧规拉纸5mm。纸堆调节方向与侧规调节方向相同。

（3）每次调节侧规都要注意观察侧规侧挡板位置，不能压在侧规底板上。

六、实训考核

考核方法：借滚筒与拉版校准印版各单独考核一次。每次30分钟内完成。超时即结束操作。

评分标准：每项分值为5分，共10分。误差超过0.5mm扣3分，大于1mm给0分，小于0.5mm给满分。

七、实训报告

要求学生写出《校版实训报告》。

1. 如何确定图文在纸张上的位置?
2. 什么是校版，校版方法有哪些?
3. 借滚筒有哪些特点，主要应用在哪些方面?
4. 调规矩校版与移动印版校版在方法与作用上有什么不同?
5. 简述滚筒位置微调的原理与调节注意事项?
6. 借滚筒的方向与调节时的扳手旋向存在什么关系?

任务二十五

印刷质量控制

实训指导

一、印刷质量标准

1. 印刷品质量基本标准

（1）套印准确。

（2）墨色均匀一致，基本符合样张要求。

（3）同批产品颜色基本一致。

（4）套规准确。

（5）印刷品空白部分没有多余的脏点，版面整洁干净。

（6）印刷品图文部分没有墨皮墨屎与纸毛等脏点及刮花、拖花现象。

（7）图文清晰，实地结实。

2. 文字类印刷品质量标准

文字清晰，无缺笔断画，实地密度达1.0以上，墨色均匀，字不糊，空白处无多余脏迹、墨点。墨色均匀一致，正反面墨色一致。无脏点、脏污、破页、糊版。纸张颜色统一。

3. 网纹类印刷品质量标准

分为精细印刷品与一般印刷品。

（1）实地密度（表3－1）

表3－1　印刷品实地密度

色　别	精细印刷品实地密度	一般印刷品实地密度
黄（Y）	0.85～1.10	0.80～1.05
品红（M）	1.25～1.50	1.15～1.40
青（C）	1.30～1.55	1.25～1.50
黑（BK）	1.40～1.70	1.20～1.50

（2）2%小网点能再现（精品），3%小网点能再现（一般品）。

（3）层次清楚，高、中、低调分明。

（4）套印误差小于0.1mm（精品），0.2mm（一般品）。

（5）网点清晰、光洁，网点扩大符合标准。

（6）K 值。黄色 0.25 ~ 0.35，红、蓝、黑色 0.35 ~ 0.45。

（7）同批实地密度允许差。蓝、红 0.15，黑 0.2，黄 0.1。

（8）版面干净，无明显脏迹。

（9）接版色调基本一致，接版尺寸误差小于 0.5mm（精品），1mm（一般品）。

（10）玫瑰纹不明显。

4. 实地类印刷品质量标准

实地色块结实，无发虚模糊现象。油墨量大小合适，不产生过底、拖花及刮花现象。墨色均匀，无明显深浅变化，无明显条杠。墨量充足厚实。实地结实，无白点、发花、发虚、纸毛、斑点、墨点等缺陷。

二、印刷质量检测与评价

1. 印刷质量检测

印刷质量检测方法有目测法、放大镜观察法、密度测量法、色度测量法、检测控制条法、检测印刷品法。

（1）目测法

是指用眼睛直接看，这是印刷质量检测的主要方法与常用方法，通过目测可以判断各种印刷质量问题。目测必须在光线充足的地方进行，目测项目主要有套印是否准确、墨色是否符合样张要求、印刷品上是否有脏点、墨皮、纸毛、干水、糊版、水大等质量故障。

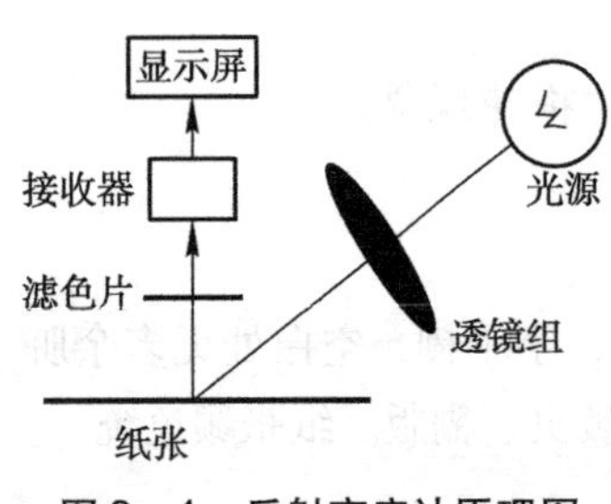

图 3－4　反射密度计原理图

（2）放大镜观察法

是用放大镜进行观察，主要用于观看套准误差、网点情况等。放大镜倍数一般为 10 倍。

（3）密度测量法

是指用反射密度计进行测量，主要确定油墨实地密度大小、网点百分数等。密度测量是数据化管理的基础。反射密度计工作原理如图 3－4 所示。油墨密度与墨层厚度有关，一般墨膜越厚密度越大，但当墨厚达到一定值后密度不再增大。墨膜密度还与干湿状态有关，墨膜干燥后密度会降低。

（4）光度计测量法

是指用光度计进行测量。由于密度计测量的是密度值，密度不能准确反映颜色信息，为更准确计量与表示颜色信息，只能使用光度计进行色度测量。

（5）检测控制条法

是指检测印刷质量控制条确定印刷质量的方法。在印刷品叼口或拖梢处横向排列印刷质量检测控制条。印刷质量检测控制条是人为设计的用来检测与控制印刷质量的一些特殊色块，简称为测控条。在印刷中常用的测控条有 GATF 测控条、布鲁纳尔测控条、网点梯尺等。

布鲁纳尔测试测控条一般由五段组成，如图 3－5 所示。

第一段（实地段）：供测量实地密度值使用。

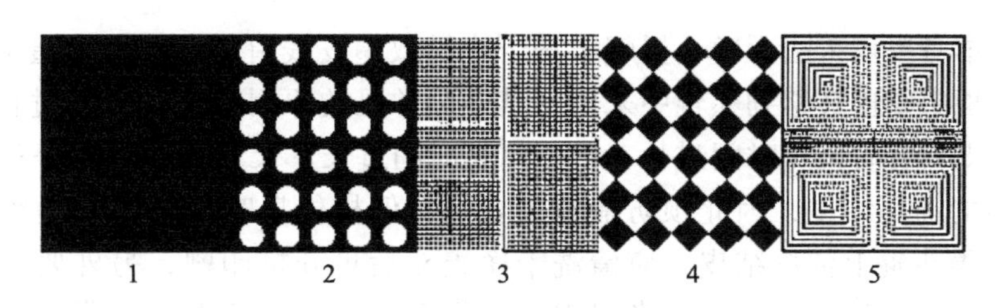

图3－5　布鲁纳尔测控条

第二段（75%粗网段）：由4线/毫米的75%网点组成。

第三段（75%细网段）：由6线/毫米的75%网点为主构成，与实地段同时使用，用反射密度仪分别测出密度值后，用来计算相对反差值。

第四段（50%方型粗网段）：由1线/毫米的50%方型网点组成，观察其搭角情况，角搭不上说明晒版晒浅了或印刷中花版了；角搭多了，说明晒版晒深了或印刷中网点扩大过多。

第五段（50%细网段）：这一段内容组成较复杂，通过它的粗细结构可控制晒版及印刷品的其他指标，与中间分隔线相邻的部分由6线/毫米的50%的网点组成。

（6）检测印刷品法

是指直接检测印刷品来确定印刷质量的方法。此法主要通过扫描确定印刷品漏印、墨皮、纸毛、糊版、墨色变化等质量故障。

2. 印刷质量评价

印刷质量评价方法有主观评价、客观评估与综合评价。

主观评价是指以原稿为评价基础，对照样张，根据自己的主观看法做出的评价，这种评价因人而异，很难有统一的结论，不利于数据化管理。

客观评价是指通过仪器测量印刷品的相关参数，并进行定量分析，结合印刷质量标准做出评价，此法稳定性好，有利于数据化管理。

综合评价就是以主观评价与客观评价相结合的评价方法。

三、印刷质量控制方法

印刷质量控制内容包括：版面洁净度，墨色均匀度，套印准确度，质量稳定性，网点结实度，实地密度，网点增大等。

1. 墨色调节方法

墨色调节又称为校色，是印刷过程中控制印刷质量的主要手段，也是印刷操作中的重要内容。墨色调节就是要让印刷品的墨色达到印刷质量标准、符合样张要求。墨色调节的基本要求就是实地密度符合标准，墨量不能过大或过小，墨色均匀一致，即同一张印刷品墨层厚度处处相同。控制墨色就是要经常抽样检测，发现墨色偏差马上进行相应调节，由于油墨调节的滞后性，故调节后必须经过一定印数后才能再抽样检测判断，调节频率不能太快，一般而言，印刷品吃墨量越大，墨量调节的效果反映越快，相反，印刷品吃墨量越小，墨量调节反映越慢。

2. 墨皮预防与处理方法

墨皮是油墨干结后所产生的硬块，印刷过程中，墨皮的来源主要有以下几方面。

装墨时油墨本身墨皮未去干净，墨辊未洗干净导致墨皮残留，印刷时油墨干燥过快导致结皮，水辊中墨皮转移到墨辊中来等，其中最常见的原因就是在印刷过程油墨干燥过快导致结皮，有时调机时间过长、中午休息时间过长、天气温度过高等都会导致墨辊与墨斗中的油墨结皮，因此预防措施主要是在停机休息时要适当向墨辊上喷些止干剂，如果墨斗辊上油墨结皮，应清洗干净墨斗后再开机印刷，另外要注意的是装墨时要去净墨皮，洗机时要洗干净墨辊与水辊等。墨皮一般都是黏附在印版上，从而导致印刷品出现深色墨点，并且墨皮一般不会自动消除，因此，处理墨皮必须要把墨皮从印版上刮去，一般停机后擦掉就行了，但当印刷品出现大量墨皮时，一般要重新洗机后再上墨印刷。墨皮最常出现在实地色块处，因此实地印刷更应注意预防墨皮现象。

3. 纸毛纸粉预防与处理方法

纸毛纸粉是纸张拉毛脱粉后在印刷品上所形成的白点。纸张拉毛脱粉是导致印刷品产生纸毛现象的根本原因，因此预防纸毛故障就是要选用高表面强度的纸张，降低油墨黏性，减轻纸张拉毛现象。纸毛一般都黏附在橡皮布上，并且纸毛一般黏附时间不长就会被卷到墨辊中去，因此，纸毛故障一般不会在印刷品上停留很长时间，印过几张后就会自动消失，一般不用专门处理，但经常出现纸毛或者大面积出现纸毛现象，就应当采用一定措施进行处理，否则印刷品废品率会大大上升。处理措施主要是减少用水量，提高纸张表面强度，降低油墨黏度与黏性、降低印刷速度，多擦洗橡皮布等。如果可以的话，在印刷之前先对纸张进行一次预先脱粉除毛处理，即先空压一次，以减轻正式印刷时纸张脱粉拉毛。

4. 干水引起的糊版预防与处理方法

糊版故障是指网点或线条边沿模糊不清的现象，糊版最主要的原因就是干水，另外，油墨过大也易出现糊版现象。因此预防糊版的关键是要控制好水量墨量，在墨量适当的前提下，重点控制好水量。预防糊版就是要对印刷的用水量进行预测，提前做好防范工作。以下情况，一般要提前做好预防。水量开得过小，时间越长，水量不足造成糊版；停机后重新开机印刷时一般要适当加水，停机时间越长，水辊中水量消耗越多，印刷时加水也就要多些；印刷机空转会消耗水量，重新印刷时要加水，空转时间越长，水辊中水量消耗就越多，印刷时加水就越要多些，因此印刷机尽量不要空转；印刷速度由高变低后应适当开大水量，速度越低，水量消耗越多；水辊未预润湿或预润湿不够充分不能印刷；发现印刷品已经干水，重新开机印刷时要提前加水防范；开机印刷时，一般要先看版面水量，合适后才能合压印刷；在印刷过程中，一定要经常抽样检查水量大小，检查水斗中是否有水。总之，水辊中水量大小一定要心中有数，提前防范。如果水量大小没有问题还是出现经常干水现象，这就要检查水辊的压力是否过轻，水是否传递正常。当出现干水糊版时，一般都应紧急加水，但加水量要与干水程度相适应，不能加过头，如果糊版较严重，造成印版大面积起脏，一般要停机处理，洗干净橡皮布后放过版纸重新印刷，并适当增大水量。

5. 水大预防与处理方法

水大与干水正好相反，造成印刷品发虚故障。水大的原因有以下几方面。紧急加水过多；水量开得过大，印刷时间长，水慢慢变大；机器空转时也开水造成水量过多，空转时间越长，水量就越多；印刷速度由低变高时，水量消耗减少，水量会慢慢增大；水辊清洗后未把水挤干造成水量过大。当水量过大时，一般应先关闭水量开关，通过多放过版纸的方法进行印刷把水印走，也可以直接用纸把水辊中的水带走。对于没有水绒套的酒精印刷机，水量过大比较容易处理，一般把水量关小就行了。

6. 网点增大控制方法

网点增大又称为网点扩大，是印刷中不可避免的现象。影响网点增大的因素有以下几个方面。印版与墨辊间的压力；印刷压力；油墨的黏稠度；水量的大小；墨量大小；印刷纸张的性质等。一般关系如下：压力越大，网点增大越多；油墨越稀薄，网点增大越多；墨量越大，网点增大越多。影响网点增大最重要因素是印刷压力，控制好印刷压力是控制好网点增大的关键。网点增大可分为机械增大与光学增大，机械增大是指在压力的作用下网点面积的真实变大现象，光学增大是指网点在纸张上产生的双重反射作用所引起的错觉增大现象。网点增大与网点的边长有关系，网点边长越大，网点增大就会越多，因此，中间调网点增大是最突出的，亮调与暗调网点增大相对比较少些。控制网点增大也就是控制中间调的网点增大，主要目的是控制网点增大在给定范围内就行了，并不是不让网点增大。在印刷过程中控制网点增大的主要措施就是控制墨量大小与压力大小，在墨量不可调的情况下，可以通过改变印刷压力、墨辊与印版的压力及调节油墨的黏稠度来调节控制网点增大值。

7. 墨色稳定性控制方法

墨色稳定性指同批产品的墨色一致性。墨色一致对印刷品来说十分重要，是印刷品质量的重要体现。导致墨色不稳定的因素主要有以下几点：印刷输纸不顺利，时开时停；水墨平衡不稳定；墨色调节操作不当。控制墨色稳定性的措施如下：经常抽样检查墨色情况；始终对照同一样张检查；在光线充足、照明条件良好的地方检查；控制好飞达，保证输纸顺畅；控制好水墨平衡，在印刷过程中不要随意改变影响水墨平衡的因素；在正式印刷前多放过版纸校好墨色与水墨平衡；停机后重新开机要放过版纸印刷；控制好墨色调节的频率，不能太快也不能太慢，调节幅度不能过头。

8. 墨色均匀性控制方法

墨色均匀性不同于墨色稳定性，墨色均匀性指同一张印刷品上油墨厚度的一致性。对网点大小不同的印刷品而言，墨色均匀并不表示墨色深浅相同，对于实地印刷品或网点成数相同的印刷品（平网印刷品）而言，墨色均匀就是墨色深浅的一致。墨色均匀性是实地印刷品或平网印刷品的重要质量指标。墨色均匀性控制措施如下：调节好油墨分布，严格按照印版图文分布情况与网点面积率确定吃墨量大小；调节好串墨辊的串动量，版面图文分布较均匀的串动量可大些；经常抽样检查墨色均匀性；对照同一样张对比墨色均匀性。

四、常见印刷质量问题识别

要求准确指出常见印刷质量问题的名称，不要求分析与处理。

1. 脏版（图3－6）

此种脏版较严重，印版空白部分已经上墨较多，属干水所致。

图3-6　脏版样张

2. 水大（图3-7）

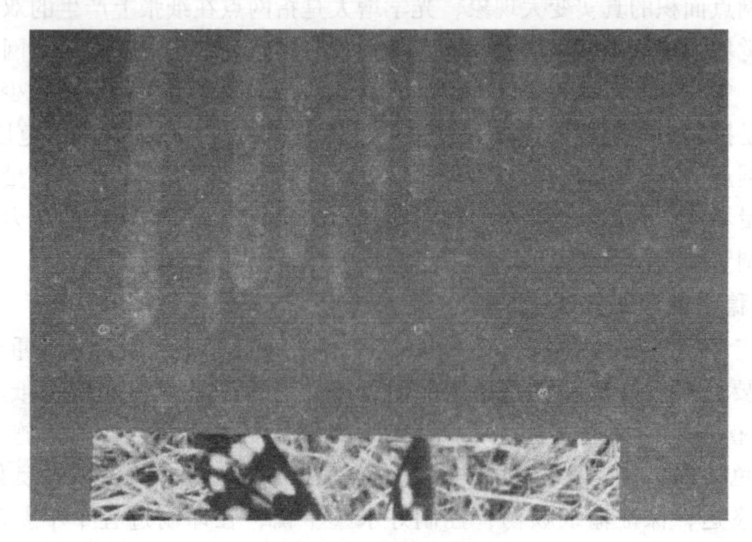

图3-7　水大样张

水大表现为图文部分花白空虚，有的还有明显的纵向水大条纹。

3. 墨皮（图3-8）

图3-8　墨皮样张

实心小圆圈是典型的墨皮特征，此样张墨皮相当严重，数量很多。墨皮主要在实地处最多。

4. 规矩不准（图3－9）

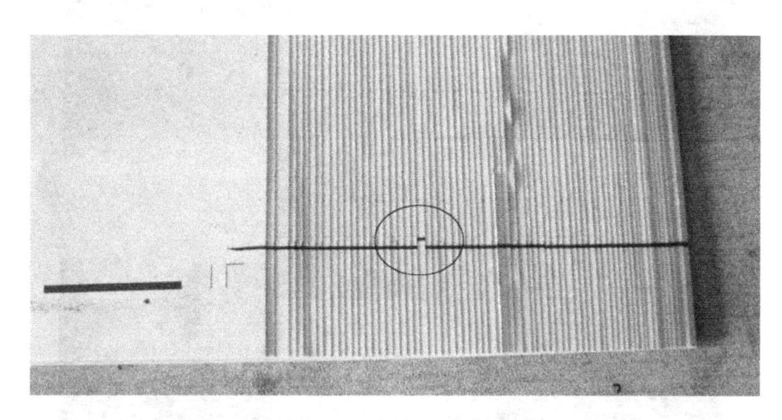

图3－9　规矩不准样张

规矩不准是指张与张之间规矩线不成直线的现象，可表现为来去不准或上下不准。上下不准又分为靠身不准与朝外不准两种情况。套规不准按形成原因又分为“不到位式”套不准与“过头式”套不准。此样张为靠身过头样张。

5. 套印不准（图3－10）

图3－10　套印不准样张

套印不准一般指色与色之间没有套准的现象。此样张为普通套印不准样张，左边与右边都没有套准。此样张是由于没有校准印版，或者是因为印刷时跑规造成的。

6. 套色不准（图3－11）

套色不准指同一印样上色与色之间无法套准的印张。一般也称为套印不准，但套色不准一般通过校版是不能校正的。此样张左边已套准，但右边没有套准。此样张是因为先印红版，印后纸张伸长扩大，后印蓝版时造成套印不准。

图 3－11　套色不准样张黑白效果图

7. 图文发虚（图 3－12）

图 3－12　图文发虚样张

图文发虚就是图文部分不结实、有漏白、空虚现象，具体表现为实地发虚与网点发虚两种情况。此样张为实地发虚样张。

8. 墨色不匀（图 3－13）

墨色不匀有左右不匀与前后不匀两种情况，其本质就是实地密度的不一致性，此样张为左右墨色不匀样张，原稿为平网。

图 3－13　墨色不匀样张

9. 图文蹭脏（图 3－14）

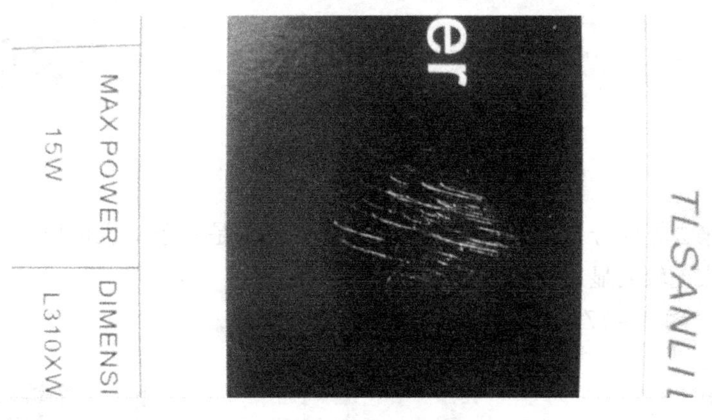

图 3－14　图文蹭脏样张

图文蹭脏是指印张图文被其他东西触碰造成图文被擦花、刮花的现象，也称为刮花、碰花、拖花故障，主要有收纸滚轮蹭脏、收纸杆蹭脏、纸张蹭脏等，此样张为刮花样张。

10. 重影（图 3－15）

图 3－15　重影样张

重影是指同一图文产生深浅不同的双影现象，重影在线条部分特别明显清晰，在彩色网点部分使图文变得模糊，重影不同于滑移，此样张为皱纸后形成的重影。

11. 墨杠（图3－16）

图3－16　墨杠样张

墨杠是指来去方向分布的条状深色墨痕，墨杠可以是一条，也可以是多条，主要在实地及平网图文上较明显，此样张为平网墨杠样张。

12. 皱纸（图3－17）

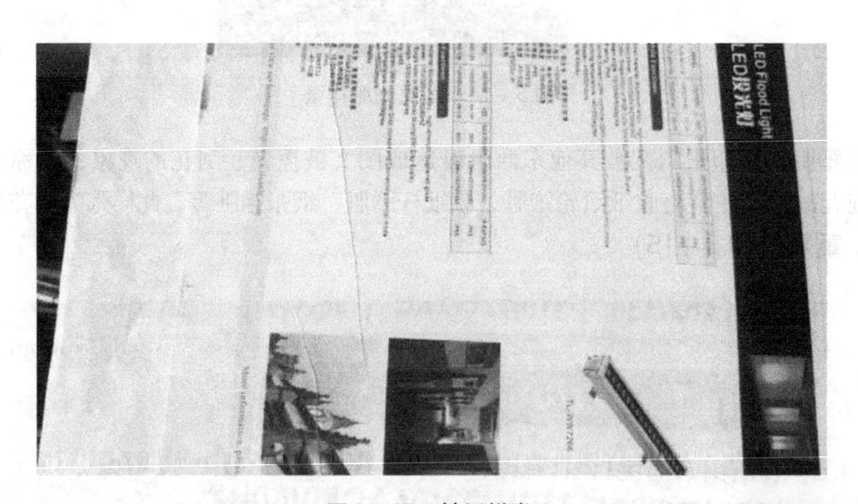

图3－17　皱纸样张

皱纸是指纸张在印刷过程中出现皱褶的现象，皱褶方向一般是沿输纸方向排列，或者稍为有点倾斜状，可能是机器原因也可能是纸张变形所致。此样张为机器故障所致。

13. 空白部分脏点（图3－18）

空白部分脏点是指在纸张的空白处有油墨痕迹，形成原因是多种多样的，有些是印版上的脏点，有些是印刷后才蹭上去的。图3－18中间部分线条为印版划伤样张。

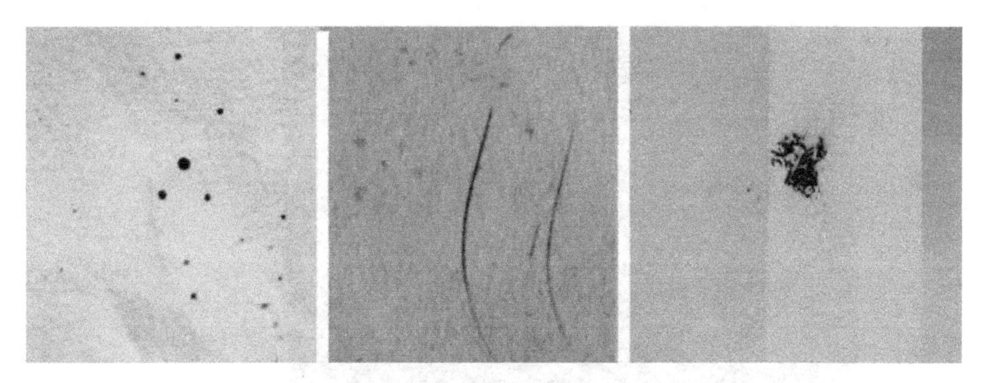

图 3－18　空白部分脏点样张

14. 图文残缺（图 3－19）

图 3－19　图文残缺样张

图文残缺是指部分图文丢失未印出的现象，形成原因有橡皮布被压低，或者印版图文部分被擦掉、修掉等，此样张为橡皮布压低样张。

15. 纸张拉毛（图 3－20）

纸张拉毛是指纸张表面纤维被油墨扯下来在印刷品图文部分留下白色斑点的现象，小白点一般称为掉粉，大白点一般称为拉毛。

16. 粘脏（图 3－21）

粘脏是指印张的背面与正面图文油墨粘接在一起造成正面图文产生白色斑点、背面出现油墨痕迹的现象。此样张为正面粘花样张。粘脏主要发生在实地印刷品上及墨量较大的暗调部分。

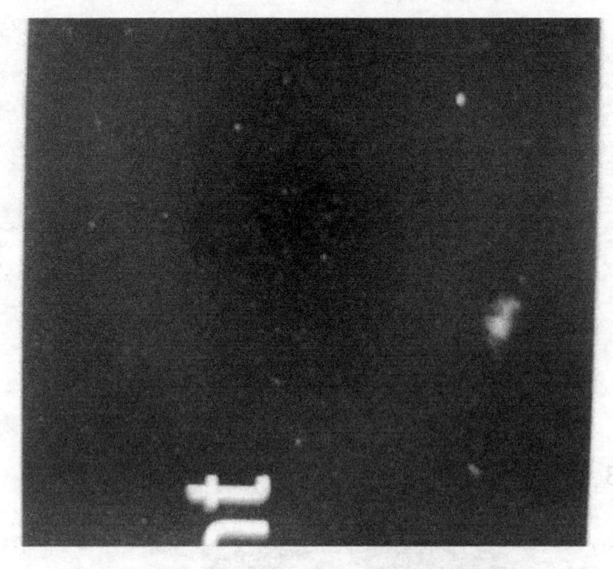

图 3 - 20　纸张拉毛样张

图 3 - 21　粘脏样张

实训项目

项目一：墨色调节（校色）

一、实训目的

熟悉墨色调节的方法，能在最短时间内调节好印刷墨色，进一步明白墨色调节的重要性及意义。

二、实训用具

PZ1650 胶印机，调墨色印版一块，四开纸若干。

三、实训内容

墨色调节。

四、实训过程与要求

装版⟶预上墨⟶墨色调节⟶正式印刷。

要求：在10分钟内完成墨色调节，正式印刷200张纸，墨色稳定均匀。每位学生至少训练3次以上。需采用油墨分布不均匀的印版进行练习。

教师示范操作一次，操作完成后调乱墨斗键，重新由学生进行墨色调节操作。墨色调节使用过版纸，调好后也使用过版纸进行印刷，但每隔20张放一张白纸，共印10张白纸，印后把10张白纸取出进行墨色对比与分析，判断墨色的一致性与均匀性如何。教师先印出一张墨色样张来，用于学生练习时的跟色。

五、实训考核

考核方法：考核方法与练习方法相同，根据墨色的均匀性及与样张的相符程度给分，每张试样满分计10分，共100分。折合后总分计为5分。

六、实训报告

要求学生写出《校色实训报告》。

项目二：印刷品质量分析

一、实训目的

熟悉印刷品质量分析方法，能正确识别常见印刷质量问题，提高学生对印刷质量问题的识别能力，熟悉常见质量问题的表现形式，提高学生对质量问题的识别能力与敏感度。

二、实训用具

印刷质量故障样张若干。样张靠平时收集保存成册。

三、实训内容

印刷品质量分析。

四、实训过程与要求

样张质量问题至少应包括糊版、水大、墨皮、纸毛、套印不准、图文不实、图文残缺、空白部分脏点、图文位置不当、叼口未水平、墨量过大、墨色不匀、图文模糊不清晰、皱纸、重影与条杠等项目。

任取一张样，指出存在哪些质量问题，必须找出所有的质量问题。寻找质量问题先大致浏览一遍，找出其中的突出问题，然后再对照样张认真仔细校对，校对时不留死角，特别是文字部分要认真核对，判断是否有缺漏与差错。检查要全面，样样核对，不放过任何一个项目，初学时可以列出一个项目检查表，对照表逐一检查，以防遗漏。识别质量问题时要注意相似质量问题的差异。

要求：质量问题名称准确，试样上所有问题都要指出。

教师先示范几张，然后由学生进行练习，每位学生练习一遍，一边练习教师一边指导。

五、实训考核

考核方法：任抽5张样由学生分析，找出其中所有的质量问题。考核样张事先不让学生知道，要另外准备，考核样张必须与练习的样张在产品内容上是不同的。考核时单个进行，其他同学应当回避。

评分标准：每张样满分为10分，找出所有的质量问题，给10分，漏任何一个质量问题给0分，共50分，折合后计为10分。

六、实训报告

要求学生写出《印刷质量分析实训报告》。

1. 印刷质量基本标准是什么？
2. 印刷质量检测方法有哪些？
3. 印刷质量控制的内容主要有哪些？
4. 简述墨色调节的方法？
5. 如何预防印刷品上出现大量墨皮现象？
6. 如何预防印刷品上出现纸粉纸毛现象？
7. 如何预防印刷品出现干水现象？
8. 如何预防印刷品出现水大现象？
9. 影响网点增大的因素有哪些？
10. 网点增大的规律是怎样的？
11. 在印刷过程中如何控制网点增大？
12. 如何控制墨色的稳定性？
13. 如何控制墨色的均匀性？

任务二十六

印刷故障分析

实训指导

本部分所指印刷故障主要指印刷工艺故障，印刷机械故障在相关机械操作部分介绍。印刷工艺故障大都是印刷质量故障，故障能在印刷品上反映出来，直接影响印刷品质量，因此，解决印刷工艺故障也是控制印刷品质量的重要方面。下面主要对印刷中常见的印刷工艺故障进行原因分析，解决办法在此一般不进行介绍。

印刷故障是可以预防的，生产作业时应积极预防印刷故障。

要处理印刷故障首先要找准故障原因，产生印刷故障的原因非常之多，找准原因并非易事，但也有一定的规律可循，以下方法通过长期实践证明对预防与处理印刷故障是行之有效的。

（1）预防为主原则。印刷之前事先考虑可能发生的情况，估计有可能产生哪些故障，提前采取措施预防其出现。这就需要印刷工人具有深厚的理论基础与丰富的实践经验，以确保预防到位，措施准确适当，切中要害。只有掌握了各种印刷故障的产生原因才能有针对性地采取预防措施，故掌握印刷故障的产生原因是预防印刷故障的前提与基础。

（2）规范操作。按标准调节，按规范操作是预防故障发生的有效方法。故印刷企业要制定各项调节标准与操作规范，并培养员工养成严格履行的好习惯。

（3）勤保养设备。保养好设备是减少印刷故障的重要措施。保养不好的设备发生印刷故障一般较多。

（4）观察法。就是发生故障后认真观察印刷故障的特点，根据故障情况查看相应部位（印版、橡皮布、墨路、水路、纸路与气路情况等），一般都能发现故障原因。

（5）试验法。对于不易观察发现的故障原因，可采取试验法，即根据故障情况更换不同的纸张、印版、橡皮布、墨辊等生产条件来检查判断故障所在地。

（6）比较法。现在与过去比较，本印件与另印件比较，这次印刷与上次印刷比较，同种产品比较等来查找故障原因。

（7）分析法。根据故障表现逻辑推理分析其形成原因。

（8）逐步检查法。根据故障发生的所有可能原因，逐一检查排除，应优先检查最可能原因。此法较费时费力，一般在其他办法不能解决时采用。

（9）建立档案法。每台印刷机建立档案，记录机修情况、印刷故障情况等历史信息以供今后参考。这相当于给机器建立病历，以利于印刷故障的诊断。

一、套规不准故障

套规不准是指张与张之间未套准的现象，又称为规矩不准，有时也称为套印不准。套规准确是任何印刷品的质量要求，出现套规不准是不允许的。套规不准分为上下不准与来去不准。上下不准又称大小不准，其检查方法是拿一手纸，把叼口边撞齐，并同时搓开纸边，观看各印张规矩线是否为一条直线，如图3－22所示。靠身与朝外应分别查看。如果规矩线未伸出纸边，就会看不到规矩线，故在印刷之前就要保证规矩线能延伸到纸边，如果不能，可以在印版上画线来实现。来去不准又称侧规不准，其判断方法是把侧规边撞齐，并同时搓开纸边，查看各印张拖梢规矩线是否为一条直线。叼口边规矩线是看不到的。另外，也可通过在侧规边画侧规线的方法来判断侧规套准情况，如图3－23所示。

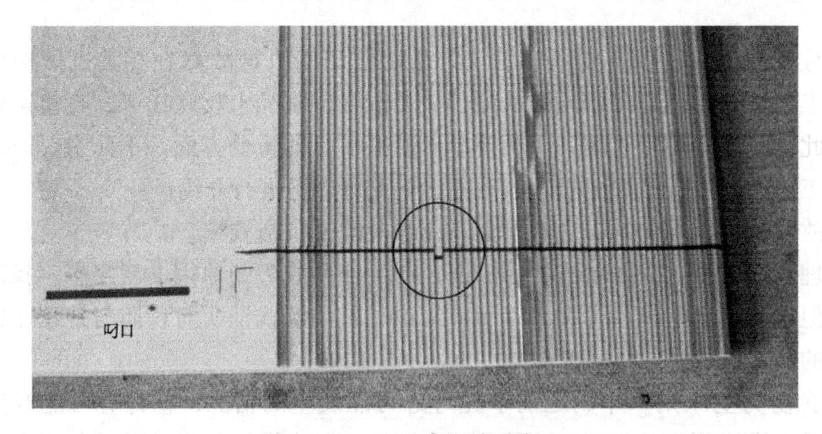

图3－22 上下套规检查方法

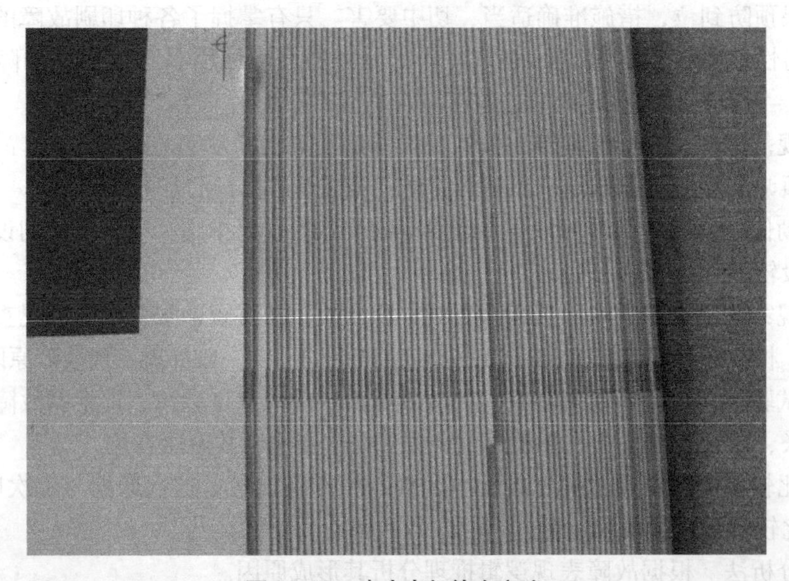

图3－23 来去套规检查方法

套规不准通常有以下几种情况。

(1) 按方向分有上下套规不准与来去套规不准两大类。

① 上下套规不准又称为大小套规不准，是指在纸张的走纸方向（上下方向）出现套规不准现象。

② 来去套规不准是指在纸张的来去方向（左右方向）出现套规不准现象。

(2) 按早晚分有过头式套规不准和不到位式套规不准两大类。

① 过头式套规不准又称为超前式套规不准，是指纸张越过定位位置印刷出来的效果，大小套规不准从规矩线上看是套规不准印张的规矩线在已套准印张规矩线的上方（叼口在下面时），如图 3－9 所示。来去方向过头类似分析。

② 不到位式套规不准正好与上述情况相反，是指纸张未到达定位位置就被叼纸牙叼去印刷出来的效果，大小套规不准从规矩线上看是套规不准印张的规矩线在已套准印张规矩线的下方（叼口在下面时），如图 3－22 所示。来去方向不到位类似分析。

(3) 按位置分又有靠身套规不准、朝外套规不准与两边都套规不准三种情况。

套规不准的情况不同，其形成原因可能完全不同，故只有首先掌握套规不准的具体情况才能准确分析判断形成原因。

造成套规不准的原因有很多，按检查的先后次序排列，主要有以下几大类。

① 输纸故障造成。输纸歪张、输纸时间不正确、输纸时间过慢或过快、线带松动打滑等都会造成纸张大小方向套规不准。一旦发现较严重的上下方向套规不准现象时，首先应查看输纸情况，输纸是否歪斜、输纸时间是否合适、毛刷轮、压纸轮位置是否合适等。

② 定位故障造成。定位故障主要指前规与侧规方面的调节不当故障及配合不当故障。如果输纸没有问题，上下方向还出现套规不准就要检查前规高度、毛刷轮位置与压力、最后一排压纸轮位置与压力、前规平行度等；如果来去方向出现套印不准首先检查纸与侧规的距离是否合适，然后检查侧规盖板高度、侧规拉纸轮的拉力及拉纸阻力大小等。

③ 纸张交接故障造成。纸张交接故障主要指纸在前规处的交接及纸在压印滚筒与递纸牙在切点处的交接不正常，纸张存在漂移现象，或者递纸机构磨损造成递纸不稳定现象，从而引起套规不准。这类套规不准表现情况往往是不固定的，有时超前，有时不到位。

④ 叼纸牙故障造成。叼纸牙轴松动造成大小套规不准，牙轴窜动造成来去套规不准、叼力不足、弹簧断裂造成大小套规不准等。

⑤ 滚筒故障造成。滚筒轴承磨损造成大小套规不准，滚筒来回窜动造成来去套规不准等。

二、套印不准故障

套印不准指印刷品上不同颜色图文没有按要求套印在一起的现象。套印不准的形成原因主要有以下几类，按检查的先后顺序排列。

(1) 套规不准造成的套印不准。任何一色规矩不准都会造成最终的多色印刷品套印不准。因此，单色机套印多色产品出现整张印刷品套印不准时，应首先检查各色之间套规情况。单色印刷时必须保证各色套规准确。多色机一次输纸印刷即使套规不准也不会造成套印不准。

(2) 纸张变形造成的套印不准。在各色印刷之间，纸张会发生变形，变形越多，套印误差就越大，单色机印刷各色之间套印时间间隔较长，如果纸张变形较大，套印误差也会很大，因此单色机套印多色产品一定要控制纸张的变形。多色机一次输纸印刷也会出现纸张变形现象，但一般变化量不大，并能通过改变衬垫厚度的方法加以补救，故对套印的影响一般很小。

(3) 装版拉版造成的套印不准。装版时造成印版扭曲、拉版时用力过度造成印版变形都会引起套印不准。

(4) 传纸故障造成的套印不准。传纸故障包括纸张交接故障及叼纸牙故障等。多色机印刷时纸张在印刷过程中不稳定的传递直接导致色组间套印不准。单色机印刷中首先表现为套规不准。

(5) 印前制版造成的套印不准。制版造成的套印不准主要是指手工拼版错误及晒版误差所致。输出误差一般在可控制范围内，实际生产中很少出现。电脑拼版及 CTP 输出一般不存在这类问题。

三、脏版故障

脏版故障指印版空白部分黏附油墨而形成的印版起脏现象，根据起脏的表现形式不同可分为空白部分上墨、糊版、浮脏，根据形成原因不同可分为干水脏版、印版氧化脏版、印版显影不干净脏版、油墨过度乳化脏版等。

1. 糊版

糊版是网点或文字线条上的油墨向周围扩张，造成网点或文字模糊不清、网点严重增大的现象。糊版形成原因主要有：墨量过大、油墨过稀、版压过大、着墨辊压力过大、印刷压力过大、着水辊压力过轻、供水不足、润版液酸性太弱、纸张碱性太强、印版氧化等。干水是糊版的最常见原因。

2. 浮脏

浮脏是指在印版空白部分出现很细小的点状或丝状墨点现象，就像在空白部分漂浮了一层墨迹，或者是在空白部分产生大量密集脏点，空白部分出现一层薄薄的底色图文。产生浮脏的原因主要有：油墨严重乳化造成印版空白部分吸附严重乳化的油墨颗粒而形成浮脏；油墨过稀造成空白部分油墨不能被吸回到墨辊上而形成浮脏；晒版曝光时间不足或显影时间不足造成空白部分显影不干净，留有部分感脂层而形成；印版空白部分保护不良造成空白部分氧化，感脂性增强而产生浮脏；印版砂目磨损造成浮脏；把溶剂加到水辊中形成浮脏；洗墨辊时清洗剂未干就上墨使墨路中含有溶剂造成浮脏。油墨严重乳化是形成浮脏最常见的原因。

3. 空白部分上墨

空白部分上墨指空白部分吸附油墨，造成大面积或较严重的脏版现象，这类故障大都是干水造成的，只要增加供水量就能解决，属印刷操作故障。如果经常出现这类现象，说明供水系统有问题，应检查水辊间压力与水辊的水量。另外，印版封版不良也会造成印版起脏，一般用洁版剂清洗即可解决。

四、花版与掉版故障

花版与掉版指印版图文部分磨损、脱落，出现印迹浅淡发虚、小网点丢失的现象。印刷过程中印版图文被磨损是不可避免的，只有当印版耐印力明显低于正常时才认为是花版与掉版故障。花版与掉版的原因主要有：润版液酸性过强造成版基被腐蚀使网点缩小甚至丢失；润版液碱性过强造成图文膜被溶解变薄；版压过大造成印版磨损；着墨辊压力过大造成印版磨损；着水辊压力过大造成印版磨损；晒版或显影时间过长造成图文变浅；纸张掉粉拉毛严重造成印版磨损；油墨颗粒较粗造成印版磨损；版面水量太大加速印版磨损。

五、纸张起皱故障

纸张起皱的形成原因可分为两大类，一是机械调节不当，二是纸张不均匀变形。机械原因主要有：输纸不平整、叼纸牙叼纸故障、纸交接故障等。纸张原因主要有：纸张荷叶边、紧边故障等。区分起皱的原因是解决纸张起皱问题的关键所在，可根据纸张起皱的粗细、方向及形状等来进行鉴别。一般情况下，大皱是机械原因所致，小皱是纸张原因所致；直皱是纸张原因所致，斜皱是机械原因所致；位置固定的起皱往往是机械原因造成的。

六、堆版故障

堆版故障是指油墨干固堆积在印版图文上不能被转移的现象。堆版故障同时会出现堆橡皮故障，堆版时间过长还会压低橡皮布。形成原因主要是油墨比重大、油墨颗粒粗、油墨黏性过小所致，另外过多的纸粉纸毛也是堆版的重要原因。

七、墨辊脱墨故障

墨辊脱墨故障指墨辊不传墨、油墨不能传递转移到印版上的现象。形成原因主要有：墨辊上油墨干结造成不传墨；油墨中燥油加得过多造成油墨在传递过程中逐渐变干造成脱墨；墨辊老化结晶光滑造成墨辊不吸墨不传墨；环境温度过高造成油墨干燥过快而脱墨；油墨中助剂加得太多黏性变小而脱墨；油墨过度乳化而脱墨；水的硬度太高产生钙盐附在墨辊上阻碍油墨传递造成脱墨。

八、图文发虚故障

图文发虚是指图文部分模糊不清、网点空虚、实地不结实的现象。图文发虚直接影响印刷品的质量，形成原因有很多，以下是检查的顺序与项目。

（1）水量过大造成图文发虚。

（2）墨量过小造成图文发虚。

（3）印版或墨辊上油墨干结造成图文发虚。

（4）着墨辊压力过小造成图文发虚。

（5）版压过小造成图文发虚。

（6）印刷压力过小造成图文发虚。

(7) 橡皮布无弹性或不吸墨造成图文发虚。

(8) 糊版造成图文发虚。

(9) 堆版或堆橡皮布造成图文发虚。

(10) 油墨过度乳化造成图文发虚。

(11) 网点滑移、重影、套印不准等。

九、过底故障

过底故障是指印刷品正面未干结的墨膜粘到另一张的背面造成正面图文发花、蹭脏，背面出现油墨痕迹的现象，又称为粘脏、粘花、背面蹭脏、背印。形成原因主要有：油墨严重乳化造成油墨慢干所致；印刷品油墨量过大过厚易过底；油墨干燥太慢易过底；油墨太稀不易干燥造成过底；收纸堆太高易过底；实地印刷易过底；四色叠印的暗调处易过底；油墨黏性过大易过底；纸张太光滑、吸墨性太差易过底；润版液酸性过强延缓油墨干燥造成过底；印刷品未干就搬动、移动、翻动造成粘脏；刚印刷出来的印刷品用手压、擦、拖、撞、碰等人为造成粘脏。油墨量过大、油墨过度乳化造成过底较常见。

十、纸张掉粉拉毛故障

纸掉粉指纸张表面的纸粉或填料被油墨反拉走后在印刷品图文上留下针孔状小白点的现象，纸拉毛是指纸张表面的纤维被油墨反拉走后在印刷品图文上留下丝状或片状空白痕迹的现象。掉粉拉毛故障在实地印刷品上较为突出，形成原因主要有：纸张表面强度过低；油墨黏性过大；纸张表面纸粉过多；纸张裁切不光洁留下纸粉；水绒套掉毛；润版液水量过大造成纸表面强度下降；印刷速度过快造成纸拉毛。

印刷故障分析（口答）

一、实训目的

熟悉常见印刷故障的形成原因与处理方法，提高学生分析印刷故障的能力，提高学生口头表达能力与辩证思维能力。

二、实训用具

印刷质量故障样张若干。

三、实训内容

印刷故障原因分析（口答）。

四、实训过程与要求

提前一周布置口述题，然后由学生自己学习掌握，老师集中进行讲解指导。练习时，对学生随机抽题进行作答，也可随机抽取样张，要求学生对样张上的质量故障口述形成原因与解决办法。

训练时口答要面向大家回答，表达要清晰，语言要规范。

五、实训考核

考核方法：随机抽取三题，由学生作答。

评分标准：根据回答的正确性及表达水平给分，解决问题的思路不正确的适当扣分，满分5分。

六、实训报告

要求学生写出《印刷故障处理实训报告》。

1. 处理印刷故障的一般方法有哪些？
2. 如何检查套规不准故障？
3. 什么是套规不准故障，套规不准的原因主要有哪些？
4. 什么是套印不准故障，套印不准的主要原因有哪些？
5. 什么是糊版故障，糊版的原因有哪些？
6. 什么是脏版故障，主要有哪些类型？
7. 什么是花版与掉版故障，形成原因主要有哪些？
8. 什么是纸张起皱故障，产生原因主要有哪些？
9. 什么是堆版故障，产生原因主要有哪些？
10. 什么是图文发虚故障，形成原因主要有哪些？
11. 什么是过底故障，形成原因主要有哪些？
12. 什么是纸张掉粉拉毛故障，产生原因主要有哪些？

任务二十七

印刷机清洗与转色

实训指导

一、清洗原理与清洗方法

清洗印刷机主要指对油墨的清洗，包括墨路的清洗与水路的清洗，具体包括墨斗、墨铲、墨辊、水辊、橡皮布与压印滚筒等。墨辊清洗原理是用橡胶片刮串墨辊，使墨路中的油墨刮到回收器刮墨斗中，在清洗过程中不断往墨路中加清洗剂。墨斗一般只能直接用布手工清洗。橡皮布与压印滚筒的清洗可直接用布手工清洗，但有的机器可以自动清洗，自动清洗原理一般是通过一个旋转的毛刷辊在滚筒表面进行清洗，可自动加清洗剂并回收。

1. 墨辊手动清洗方法

（1）印版未封胶保护的清洗程序

水辊靠版⟶装刮墨斗⟶铲净墨斗中的油墨⟶开机清洗墨辊⟶清洗干净⟶停机⟶取下刮墨斗⟶擦洗刮墨斗⟶水辊离版。

（2）印版已封胶保护的清洗程序

水辊离版⟶印版封胶⟶装刮墨斗⟶铲净墨斗中的油墨⟶开机清洗墨辊⟶清洗干净⟶停机⟶取下刮墨斗⟶擦洗刮墨斗。

（3）水辊墨辊同时清洗程序

水辊靠版⟶装刮墨斗⟶铲净墨斗中的油墨⟶开机清洗墨辊⟶清洗墨辊⟶当墨辊基本干净时⟶墨辊靠版⟶水辊墨辊同时清洗⟶清洗干净⟶停机⟶取下刮墨斗⟶擦洗刮墨斗⟶水辊墨辊离版。

在清洗墨辊时清洗剂要少量多次地加，不要一次加得太多，防止清洗剂从墨辊两端甩出，当墨辊中无清洗剂时要及时停机，以防刮墨橡胶被刮坏，清洗时也可加水清洗。在清洗墨辊过程中可同时清洗墨斗与墨斗辊，但要特别注意操作安全，清洗布不要散开，以防清洗布不小心卷到墨辊中去。

2. 滚筒清洗方法

一般用布或海绵清洗滚筒，一天之内再印，印版可以用水直接清洗后擦胶保护，如果停机时间不超过10分钟，也可用水擦版保护，如果超过一天再印，一般要先洗干净印版上的油墨再擦胶保护印版。在印版擦胶保护好后，再用油墨清洗剂清洗橡皮布滚筒，最后清洗压印滚筒，各滚筒都必须同时清洗滚筒的滚枕。清洗时用右手握清洗布或海绵左右往复在滚筒表面移动，移动幅度要覆盖整个滚筒表面，同时另一边用左手点动机器，提高清洗工作效果。

3. 水辊清洗方法

水辊可以与墨辊同时清洗，如果要想清洗得很干净，就必须单独清洗水辊。把水辊一根一根取下，然后用清洗剂及水单独清洗，洗后把水刮干（包有水绒套的水辊）。对于酒精机，一般水墨辊可同时清洗。

二、转色方法

转色是指从一色转印到另一种油墨颜色的过程。浅色转深色一般清洗干净墨辊即可，例如黄、红、蓝转黑，黄转红、蓝。深色转浅色不但要清洗干净墨辊，而且还要清洗干净水辊，并且一般都要使用浅色墨打墨加洗一次，例如黑、红、蓝转黄，黑转红、蓝。红、蓝互转一般也要打墨加洗一次。打墨加洗是在洗干净墨辊后松开刮墨斗停机，然后把所要转印的油墨均匀加到墨辊上并匀墨几分钟后重新清洗墨辊的过程。

印刷机清洗与转色

一、实训目的

熟悉印刷机清洗的方法与程序，提高印刷机清洗能力与水平，培养良好的职业素养与劳动习惯。

二、实训用具

PZ1650 胶印机，清洗剂。

三、实训内容

清洗墨辊。
清洗墨斗。
清洗滚筒。
清洗水辊。
每人至少独立清洗 3 次以上。

四、实训过程与要求

常规清洗程序：放水辊——→装刮墨斗——→铲出墨斗中的油墨——→清洗墨斗与墨斗

辊——→清洗墨辊——→墨辊干净——→停机——→取下刮墨斗——→清洗刮墨斗——→抬水辊——→封版——→清洗各滚筒滚枕——→清洗墨铲。

也可以先洗墨辊后洗墨斗，还可以墨斗与墨辊同时清洗，但要注意安全，防止抹布卷到墨辊中去，并且在清洗墨辊时要不断加清洗剂，清洗干净应及时停机。

如果水辊很脏，还可在清洗墨辊的同时清洗水辊，在墨辊清洗基本干净后把着墨辊靠版，在水辊上加清洗剂，最后用水清洗，干净后抬起着墨辊。

教法：教师先示范操作一次，学生观看，然后由学生练习，练习可安排在每次印刷结束后或转色印刷时进行，不专门进行练习，学生轮流进行洗机。每次洗机安排两名学生配合操作，一人洗墨辊，一人负责洗墨斗，下次交换岗位进行。每人洗机不少于3次。

五、实训操作规程

1. 操作步骤

装上刮墨斗——→把墨槽中的油墨铲到墨罐中——→开机——→加油墨清洗剂到墨辊上清洗墨辊——→放下墨斗（打开墨槽）——→开墨（输墨）——→擦洗墨斗片与墨斗辊——→停止输墨——→墨辊清洗干净且干燥——→停机——→取下刮墨斗——→清洗刮墨斗——→抬水辊——→封版（擦保护胶）——→清洗橡皮布与压印滚筒。

2. 操作要求

（1）在清洗墨斗片过程中同时清洗墨辊，如果想加快墨辊清洗速度，可按输纸开后再按定速进行高速清洗墨辊。

（2）擦洗墨斗片与墨斗辊时要特别注意不要让布卷入墨辊中，手中的布一定要抓实，不能散开。

（3）在墨辊清洗过程中，还可加水清洗，但清洗剂每次不要加得过多，要少量多次添加。

六、实训考核

本实训不单独考核。

七、实训报告

要求学生写出《印刷机清洗实训报告》。

1. 印刷机清洗都包括哪些内容？
2. 如何清洗墨辊？
3. 添加清洗剂要注意哪些问题？
4. 擦洗墨斗辊要注意什么问题？
5. 如何清洗水辊？
6. 从深色转浅色一般如何进行？

任务二十八

单色印刷

实训项目

单色产品印刷

一、实训目的

熟悉单色产品印刷的工艺流程，综合运用所学单项技能完成产品的印刷，提高学生印刷产品的能力。培养学生的协作能力与沟通能力。让学生从中获得乐趣与成就感，培养学生的自信心与职业素养。

二、实训用具

PZ1650 胶印机，印版一块，四开纸若干。真实印刷工单若干个。

三、实训内容

真实产品印刷：每人印刷 1 单。

四、实训过程与要求

把学生分成若干组，每组 3 人，安排 1 人为机长。教师任车间主任，其他学生作为客户或评委对印刷产品质量进行评价。把真实的印刷工单交给机长，由机长带队完成印刷任务。

从印刷前准备一直到印刷结束的全过程都由学生完成，教师可适当指导。正式印刷前由机长选一张最好的签样，然后交车间主任签样，印刷完成后由客户进行质量评价与打分。

通过真实的印刷生产来培养学生的职业精神、职业道德与职业素养，同时培养学生的专业技能与合作完成任务的能力。

每组负责印刷一个工单，各组工单各不相同。

五、实训操作规程

1. 操作步骤

阅读印刷施工单——→明确印刷任务——→根据任务特点设计印刷工艺——→准备纸张、

油墨、印版等印刷材料及润版液⟶装版、装墨、装纸⟶开机⟶输水输墨⟶停机擦版⟶开机⟶水辊靠版⟶墨辊靠版（可选）⟶观看印版水墨平衡情况（无水大或糊版现象）⟶输纸⟶第二张纸过前规⟶合压⟶查看侧规拉纸情况⟶校版纸全输走后再输一张⟶关气泵⟶纸走完⟶停机⟶取印样⟶抬水辊⟶擦洗橡皮布与印版⟶校版校规格校墨色⟶重复上述开机处⟶直至印样质量合格后交成果⟶擦洗橡皮布⟶印版封保护胶⟶结束操作。

操作步骤可简化为：阅读印刷施工单⟶根据任务特点设计印刷工艺⟶准备纸张、油墨、印版等印刷材料⟶装版、上墨、装纸⟶输水输墨⟶校版校规格校墨色⟶印样质量合格后签样⟶（正式印刷⟶印刷完毕⟶清洗印刷机）。

2. 操作要求

（1）印刷前准备工作可以由助手帮助完成。

（2）拉版或者擦版之前一定要记得抬水辊，开机印刷之前一定要记得水辊靠版。

（3）印刷过程中始终要注意水量与墨量情况，根据情况控制好水量墨量。

（4）校版纸不要放反，叼口在前，每次放校版纸一般为 3 张，校版纸与过版纸要有明显的区别，不要搞混，校版纸为白纸。

（5）校版时要拿出全部的校版纸印样查看套印情况，不能只看一张。

（6）每次输纸印刷时一定要看侧规拉纸情况，侧规拉纸约 5mm 为最佳，否则应立即调节纸堆来去位置，或者调好后重新输纸印刷。纸没拉到位或者纸拉过位的印样都不能用来判定来去位置，作为调节侧规的依据。

（7）当上下方向只差 1 ~ 2 线时可不用拉版，通过调节前规前后位置来实现，拉高向前调，拉低向后调，每格调节量为 1 线。

（8）侧规调节方向。图文靠身侧规朝外调，否则相反。

六、实训考核

考核方法：实训即考核。从装版开始计时，签样时结束计时，共 30 分钟内完成。印前准备时间及签样后的印刷时间不计入考核时间。

评分标准：根据产品完成情况及印刷质量由学生评分，满分为 10 分。单色印刷评分表参见附录二。

七、实训报告

要求学生写出《单色印刷实训报告》。

校版纸每次一般放几张，每次校版输纸时一定要查看什么情况？

任务二十九

多色印刷

实训指导

一、四色印刷原理

1. 色光三原色

常用的色光三原色为红、绿、蓝，用代号表示为R、G、B。色光三原色按不同比例混合得到各种各样新色光的方法，称为色光加色法，简称加色法，加色法中混合色光越多，混合色光亮度越强。色光等比混合颜色变化规律如下：

R + G = Y

R + B = M

B + G = C

R + G + B = W

R + C = W

G + M = W

B + Y = W

R与C、G与M、B与Y为互补色光。

2. 滤色片

滤色片就是带颜色的透明薄片物质，可透过其本身颜色光，吸收其互补色光，常用滤色片有R、G、B，分别透过红、绿、蓝光，吸收青、品红、黄光。

3. 分色

用R、G、B滤色片分别把彩色物体反射的光分解成三种色光，然后通过一定的方式记录成RGB数据，经过处理后再转换成YMCK数据，就实现了分色，分色的仪器目前用得最多的是扫描仪、数码相机、电分机，分色软件主要有Photoshop、CorelDRAW等图形图像处理软件及后端RIP软件等。有人把记录下来的RGB数据转换成YMCK数据称为分色，其实这只是色空间转换，并不是真正的分色过程。

4. 黑版的作用

把彩色分解成YMC三色版进行印刷，其结果往往是暗调部位颜色较浅，层次轮廓不够清晰。增加黑版，可以提高暗调的密度，增加印刷品暗调的层次，有利于提高复制质量，同时采用黑版还可带来其他好处，比如稳定暗调颜色、增大图像反差等。所以，现代彩色印刷一般都是四色印刷。

5. 颜色的合成

颜色的合成是指把 YMCK 四色数据制成印版并使用 YMCK 四种油墨进行套印还原彩色的过程，其实就是四色印刷。颜色的合成是利用减色法原理还原彩色原稿的颜色外貌。

通过以上分析可知，彩色印刷的色彩还原质量影响因素有分色误差、油墨颜色误差、印刷误差等，任何环节都可以改变最终的颜色还原质量。因此，印刷色彩控制是一个综合过程，只有控制好各个环节才能控制好印刷品的色彩。由于印刷各环节是相互独立的，因此，只有建立各环节共同遵守的标准才能控制各环节的工作质量。目前我国在这方面还做得很不够，印刷标准化工作还有很长的路要走。

二、彩色印刷色序

印刷色序是指油墨叠印的先后次序，也就是说哪个色先印，哪个色后印。

1. 印刷色序对印刷色彩的影响

印刷色序影响印刷品的色彩再现与色彩还原，色序不同，印刷效果不同。后印色总会部分阻挡先印色墨的呈色效果，结果是后印色显色效果更明显。

2. 印刷色序确定原则

对于不同产品、不同印刷机，确定印刷色序的原则不相同，下面主要针对彩色印刷品按印刷机不同分别进行介绍。

（1）四色印刷机色序确定原则

主要根据油墨的透明度不同来确定，透明度高的后印，透明度低的先印。在四色墨中，黄透明度高，黑透明度低，品、青透明度相差不大，所以，四色机常见色序为 K、C、M、Y 或 K、M、C、Y。

（2）双色机色序确定原则

主要根据产品套印情况及看色的方便性确定，因黄色看色较困难，所以，双色机一般 M、C 先印，Y、K 后印，如果其中某两色套印要求高，就可以把该两色同时印，从而保证这两色套印准确，不会因纸张变形而影响套印精度。

（3）单色机色序确定原则

主要根据看色方便性及产品套印要求确定，一般色序为 CMYK、MCYK、KCMY。为了减少色与色之间的套印误差，一般要求套印精度要求高的色之间连续套印完毕，以免套印时间间隔过长造成纸张变形较多引起套印不准故障，所以，当某色与色之间套印精度要求较高时，一般要把这两色连续安排印刷，中间不能插印其他色。因黄色不方便看色，所以，黄色一般都安排在 CM 印完后再印。黑版可根据产品主色调情况安排在最前面印，也可安排在最后面印。

（4）其他色序确定原则

受墨面积小的先印，受墨面积大的后印；油墨黏性小的后印，油墨黏性大的先印；原稿主色调为暖色调，先印青后印红，原稿主色调为冷色调，先印红后印青；大实地版后印，网点版文字版先印；文字或暗调为主的原稿，黑版最后印。

当色序安排原则冲突时，优先考虑对产品质量影响较大的因素，确保印刷质量综合效果最佳，要丢车保帅，要灵活运用，不能死套公式。

三、多色机印刷校版与校色

1. 校版

多色机与单色机在校版方面的主要区别如下。

调节多色机前规与侧规位置只能改变图文在纸张上的位置，不能改变各色之间的相对位置关系，即不能通过调节前规与侧规来校正印版之间的套准问题。一般情况下，要改变图文在纸张上的来去位置只能调节侧规，要改变图文在纸张上的上下位置只能借滚筒。前规调节只能用来微量校正图文在纸张上的水平度（叼口水平度），一般调节量不能超过0.5mm，即前规歪斜度不超过0.5mm。如果图文歪斜度超过0.5mm 就必须通过移动印版来校正。

多色机一般都配置有印版位置微调装置，可以实现印版的来去调节、上下调节及斜向调节，且一般都可在印刷机控制台进行操控，操作简单方便。当各印版之间的套印误差较小时，都应首先通过印版微调装置进行校正。为了使印版位置微调装置发挥最大作用，在装版前都要进行归零操作，使微调装置回到中间位置（零位）。但中途换版可不用归零。

现代高速多色单张纸胶印机自动化程度很高，装版与校版都能实现自动化，版夹上已没有手工拉版机构。版与版之间的套准主要依靠精确的印版打孔定位、精确的晒版定位及印版微调装置来实现。因此，这类印刷机一般都必须配备印版打孔机，并且要求晒版定位精确，或者使用 CTP 输出印版，以确保印版装到机器上以后误差就非常小（在印刷机可微调的范围内）。否则要重新晒版或输出印版。有些印刷机还可实现自动校版，晒版时输出套准标记，印刷机就可自动实现套准操作，无须人工校准。因此，对于高速自动化装校版的印刷机，装校版已很简单，装校版时间也非常短，校版已不是什么难的操作，不再是什么技术活。技术进步将使印刷操作变得越来越容易。

2. 校色

单色机套印多色是通过单色样来校对颜色，如果没有单色样就只能凭经验来判断了，这对初学者而言，一般是看不准的，故印刷出来的彩色印刷品其颜色是很不准确的。即使是有经验的印刷操作者，如果没有单色样，最后印刷出来的彩色印刷品的颜色也是很难跟到色的。即使有单色样，单色印刷时，其中任何一色稍微有点偏差，其最终结果就会差很多，往往也是跟色效果不佳，很难与原稿保持一致。多色印刷机就不同了，一次印出四个色来，最后结果出来了，只要认真跟好色样就行了，相对而言，比单色机就容易多了，跟色的准确性也会提高许多。

多色机印刷，一次印出多色来，哪个色墨大、哪个色墨小要认真仔细观看，千万不能搞错了，这对校准颜色非常重要。多色印刷校色的重点是色与色之间的平衡关系，即灰平衡的实现。

现代多色胶印机一般都具有油墨遥控功能，可在油墨控制面板上进行墨量调节，校色操作相当简单，这就给校色带来了极大的方便，特别是预上墨非常方便。预上墨时，可以把所有墨区间隙开到最大，设置墨斗辊转数就行了。这对任何印刷品的预上墨都有效，即所有的预上墨基本上可以同样操作，实现程序化、自动化。油墨自动调节功能还为再版印刷校色带来了极大的方便，再版印刷时，只要把上次印刷所使用的油墨调节数据重新调出来就行了，不用再进行墨色调节了。

在部分胶印机上还配有油墨自动控制系统，可实现油墨的自动调节功能，无须人工干预。首先把印刷质量标准或样张的颜色信息事先扫描输入到印刷机中，印刷过程中可通过人工扫描或机器自动扫描功能把印刷品颜色信息输入到印刷机中，然后由印刷机对比分析后自动进行墨色调节，从而保证每张印刷品的颜色都与样张颜色保持一致，确保印刷质量稳定。这样就实现了校色工作的自动化，印刷机操作就更简单、更没有什么技术含量了。有了这样的印刷机，其实什么人都可以操作印刷机，都能印刷出好的印刷品来。

双色产品印刷

一、实训目的

熟悉双色产品印刷的工艺流程，综合运用所学单项技能完成双色产品的印刷，提高学生印刷产品的能力。培养学生的协作能力与沟通能力。让学生从中获得乐趣与成就感，培养学生的自信心与职业素养。

二、实训用具

PZ1650 胶印机，印版一块，四开纸若干。真实彩色印刷工单若干。

三、实训内容

真实产品印刷：每人印刷 1 单。

四、实训过程与要求

把学生分成若干组，每组 3 人，安排 1 人为机长。教师任车间主任，其他学生作为客户或评委对印刷产品质量进行评价。把真实的印刷工单交给机长，由机长带队完成印刷任务。

每色分配给一个组进行印刷，每个组印刷一个色。如果双色印刷单不足，可以用四色印刷单代替，每组印一个色。

从印刷前准备一直到印刷结束的全过程都由学生完成，教师可适当指导。正式印刷前由机长选一张最好的签样，然后交车间主任签样，印刷完成后由客户进行质量评价与打分。

通过真实的印刷生产来培养学生的职业精神、职业道德与职业素养，同时培养学生的专业技能与合作完成任务的能力。

五、实训操作规程

本实训操作规程同单色印刷操作规程。

六、实训考核

实训考核：实训即考核。从装版开始计时，签样时结束计时，共 30 分钟内完成。印前准备时间及签样后的印刷时间不计入考核时间。

评分标准：根据产品完成情况及印刷质量由学生评分，满分为 10 分。双色印刷评分表见附录三。

七、实训报告

要求学生写出《双色印刷实训报告》。

1. 什么是加色法？
2. 写出色光加色混合颜色变化规律？
3. 什么是滤色片，常用有哪些？
4. 什么是分色，常用的分色仪器有哪些？
5. 黑版在印刷中有什么作用？
6. 什么是四色印刷？
7. 印刷色序对印刷色彩有什么影响？
8. 四色机色序确定原则有哪些？
9. 双色机色序一般如何确定？
10. 单色机色序确定原则主要有哪些？
11. 多色机与单色机在校版方面主要有哪些区别？
12. 多色机与单色机在校色方面主要有哪些不同？

任务三十

无水胶印

实训指导

一、无水胶印原理

无水胶印就是不需要水的胶印。无水胶印版是在铝版基上先涂布光敏层，然后再涂布硅橡胶层而制成，晒版时也使用阳图正片，见光部分硅橡胶层与光敏层交联固化，形成一个整体，未见光部分硅橡胶层被显影除去后露出亲油的光敏层。印刷时采用无水胶印专用油墨，由于硅橡胶层斥墨，故空白部分不会吸附油墨，只有光敏层的图文部分吸附油墨，从而实现了选择性吸附，其他与普通胶印原理是一样的。因无水胶印没有水，油墨温度得不到很好的控制，故专用无水胶印机都设有降温装置，一般有风冷与水冷两种方式，水冷就是在串墨辊中通冷水来控制油墨温度。

二、无水胶印的特点

（1）网点扩大小，一般都在10%以内。因无水胶印版属平凹版，且无水，故网点扩大受到限制。

（2）实地密度大、印刷品反差大，中暗调层次较好，黑墨实地密度可达2.0以上。

（3）网点饱满、墨层厚实、色彩鲜艳、光泽度高，干后密度降低较小。

（4）加网线数较高，适合采用调频加网技术。

（5）无须水墨平衡控制，操作相对简单，印刷质量相对较稳定。

（6）环保安全，无须酒精润版，印刷过程纸张伸缩变形小，套印更准确。

（7）油墨温度不易控制，需要增加冷却系统。

（8）印刷需要专用油墨与版材，成本较高。

（9）作业环境条件要求较严，对温湿度要求苛刻。

思考题

1. 什么是无水胶印，其实现原理是怎样的？
2. 无水胶印的主要特点有哪些？

任务三十一

产品印刷实习

本部分是产品印刷的强化、提高与拓展，主要培养学生独立印刷产品的能力与水平。本部分必须以工学结合或顶岗实习形式进行教学。有校办印刷厂的也可在校办印刷厂进行生产性实习，但原则上不能在实训室进行实习。

实训指导

一、实习目的

熟悉各种产品印刷的基本要求与注意事项，进一步熟悉印刷工艺，提高印刷操作水平。通过实习能独立或协助机长完成印刷生产任务。让学生了解企业生产实际情况，通过生产性实习培养学生爱岗敬业、吃苦耐劳精神，培养学生良好的职业道德与职业素质。

二、实习内容

从事各种产品的印刷工作或者协助机长从事印刷操作。产品类型、开度、颜色数不限。

三、实习时间

不少于半年或者产品印刷数量不少于2000千印次，输纸印刷一次为一印次。

四、实习要求

1. 岗位要求

在胶印岗位上顶岗操作，参与产品的印刷过程，可以是单色机，也可以是多色机，具体岗位可以是机长、二手、三手、四手。遵守实习工厂各项规章制度与操作规程，坚守岗位，未经批准不得离岗、辞职。

2. 书刊印刷品印刷质量要求

（1）指单色文字为主的普通书刊，分为精细印刷品与一般印刷品。

（2）色标实地密度为0.9～1.3。

（3）五号宋体“的”字或“者”字的密度为0.27～0.33（精品），0.25～0.35（一般品）。

（4）无缺笔断画。

（5）墨色均匀一致，正反面墨色一致。

（6）正反页码套印误差小于2.0mm，相邻页码误差小于5mm，全书页码误差小于7mm。

（7）无脏点、脏污、破页、糊版，字迹清楚不模糊。

（8）版面上下左右居中。

（9）纸张颜色统一。

（10）图像层次分明，网点清楚。

3. 网纹彩色印刷品质量标准

分为精细印刷品与一般印刷品，印刷质量标准参见第141页任务二十五中的相关内容。

4. 平版装潢印刷品质量标准

分为精细印刷品与一般印刷品。

（1）成品整洁，无明显脏污、残缺。

（2）文字印刷清晰完整，小于5号字不误字意。

（3）不允许存在明显的条杠。

（4）网纹清晰均匀，无明显变形和残缺。

（5）裁切成品误差应符合表3－2的要求。

表3－2　裁切成品误差　mm

成品幅面	极限误差
363×516（4开）及以下	±1.0
363×516（4开）以上	±1.5

（6）模切成品误差符合表3－3的要求。

表3－3　模切成品幅面误差　mm

成品幅面	极限误差
129×184（32开）及以下	±0.5
129×184（32开）以上	±1.0

（7）有对称要求的成品图案位置偏差应符合表3－4的要求。

表3－4　有对称要求的成品图案位置偏差　mm

成品幅面	极限误差
129×184（32开）及以下	0.5
129×184（32开）以上	1.0

（8）套印误差应符合表3-5的要求。

表3-5　套印误差　　mm

套印部位	极限误差	
	精细产品	一般产品
主要部位	<0.20	<0.30
次要部位	<0.50	<0.80

注：主要部位指画面上反映主题的部分，如图案、文字、标志等。

（9）实地印刷要求应符合表3-6的要求。

表3-6　实地印刷要求　　mm

指标名称	单位	符号	指标值			
			精细产品		一般产品	
同色密度差		Ds	<0.050		<0.070	
同批同色色差	CIE $L^*a^*b^*$	△E	$L^*>50.00$	$L^*<50.00$	$L^*>50.00$	$L^*<50.00$
			<5.00	<4.00	<6.00	<5.00
墨层光泽度[①]	%	Gs（60）	>30.0			

注①：无光泽度要求的产品可取消此项指标。

（10）正常小网点百分率不小于5%。

（11）50%网点扩大值应符合表3-7的要求。

表3-7　50%网点扩大值　　mm

指标名称	指标值	
	精细产品	一般产品
50%网点扩大值（F）	<12%	<18%

5. 不同印刷品的印刷注意事项

（1）按内容分类的印刷品的印刷要求

① 人物稿。面部为主体的，重点再现面部颜色，且一致性要好；轮廓为主体的，则重点注意层次与密度（墨色）。套印准确度要高些。

② 风景稿。重点注意色彩要真实、自然，一般较容易印刷。

（2）按强调重点分类的印刷品的印刷要求

① 色彩稿。墨层可薄些，选用透明度高的油墨，黑版可印浅些，重点掌握好墨色，墨色要跟上样张，不能偏色。

② 层次稿。注意墨量不要过大，印刷压力小些，网点扩大应小些，亮调与暗调再现很重要。

③ 轮廓稿（文字、线条稿）。重点掌握好墨量，不断线，不糊，无斑点，结实均匀，不虚。

（3）按深浅分类的印刷品的印刷要求

① 浅色稿。注意墨量要小，网点结实不虚。印刷时要掌握好墨量，墨色要一致。

② 深色稿。暗调层次要分明，不并级。印刷时不要糊版，油墨不要过大，网点扩大要小。

（4）按原稿特点分类的印刷品的印刷要求

① 彩色网目稿。各单色版油墨不要过大，注重色彩还原性，墨色要准，印刷压力要小些。

② 平网叠印稿。最好用多色机一次印刷完成，单色机印刷时墨色易产生偏差。

③ 实地叠印稿。多色机印刷时易过底，常叠印不良或叠印不上，单色机印刷时墨色易不准。

④ 文字叠印稿。单色机印刷时很难套准，最好用多色机一次印刷完成，套印要求高，文字要清晰，不能有模糊感。单色机印刷时套规必须很准，误差应少于半线。

⑤ 多色图形稿。同实地印刷质量要求。另特别注意不要过底，印后不要立即搬动，印刷时不要堆放太高，多放隔板，油墨中可加点燥油与防脏剂，印后应马上检查其干燥性，以判断是否会过底。对于专色印刷，墨色要与色样一致。各色套印交界处应不漏白。

⑥ 单色文字稿。主要注意墨量，不断线，不糊，无脏点，结实均匀，不虚。

⑦ 满版印刷品。同实地印刷要求，可分两次印刷，先印浅些，后印深些，但应注意各次印刷墨色要均匀一致。满版打底时应分别印刷，待先印底色干后再印其他色。

⑧ 实地印刷品。注意不要过底，印后不要立即搬动，印刷时不要堆放太高，多放隔板，油墨中可加点燥油与防脏剂，印后应马上检查其干燥性，以判断是否会过底。一般多色机印刷时应放在最后色印，能分开印刷的应分开印刷。

（5）按产品类型分类的印刷品的印刷要求

① 书刊印刷品。校版时图文要上下左右居中，并折页检查页码顺序是否正确，页码位置是否对齐。书刊印刷一般以对开纸居多，打翻印刷时要记得换侧规，装纸时看清色标，不要装反了叼口。

② 包装盒类印刷品。校版时一般要用盒样检查图文位置是否合适，以防白边舌口位置不足。纸张一般较厚，出现双张很容易压低橡皮布，印刷时一定不要让双张通过，并且输纸不到位或者歪斜较严重的话也很容易出现折叠折角现象导致橡皮布被压低，因此，厚度印刷一般要专人看好飞达，并调节好输纸检测机构，让双张、歪张检测机构灵敏可靠。厚纸印刷还很容易产生碰花、拖花图文现象，也应注意预防。

③ 商标、烟包、酒标类。实地居多，墨色要厚实、均匀，同批误差要小，不能有墨皮。

④ 广告单、宣传单类。色彩鲜艳，文字清晰，叼口水平。

⑤ 画册、精美刊物。网点质量好，层次丰富，版面居中，叼口水平，同批误差要小，不能有墨皮。

6. 不同纸张的印刷注意事项

（1）凸版纸

① 控制水量，小水量印刷，防纸张扩张而正反套印不准。

② 纸张易吸水形成荷叶边，印刷时打皱。故印前应晾纸或裁切后立即印刷。
③ 油墨黏度要低些，只能用胶版墨。
④ 易掉粉、掉毛，故要勤擦橡皮布。
⑤ 注意纸洞、烂纸，印前应选纸（单张纸）。
⑥ 印刷压力可大些。
（2）新闻纸
① 控制水量，小水量印刷。
② 油墨黏度要低些，用轮转墨（轮转印刷）或胶版墨（单张印刷）。
③ 单张纸印刷与凸版纸基本相同。
（3）胶版纸
① 使用胶版墨，如用快干墨、亮光墨应调低黏度。
② 用于多色机套印时，印前应晾纸，印后应密封，以防纸伸缩套印不准。
③ 注意纸张扩大造成正反套印不准问题（有正反套印要求时）。
④ 单色套印要注意纸伸缩造成套印不准。
（4）铜版纸
① 油墨应小些，易过底。
② 纸较平整，印刷压力可小些。
③ 纸张不要折。
④ 使用亮光快干墨或亮光快固墨。
⑤ 可少量喷粉，以防过底。
⑥ 纸堆一般不要太高。
⑦ 印后不要马上撞纸、翻动。
⑧ 注意正反面不同。
⑨ 单色套印要注意纸伸缩造成套印不准。
（5）白板纸
① 使用快干墨、快固墨。
② 特别注意输纸双张造成闷车或压坏橡皮布。
③ 防止纸不到位，以免造成压低橡皮布或顶坏叼纸牙。
④ 注意检查印品漏印（即图文残缺）与橡皮布压低。
⑤ 纸不要折。
（6）牛皮纸
① 输纸困难，易产生双张、空张，装纸应少些。
② 注意正反面不同。
（7）金银卡纸
① 使用挥发干燥油墨、UV 油墨、热固油墨等特种油墨，不能用吸收干燥油墨。
② 纸不要堆太高。
③ 纸不能折。
④ 上纸不要放反。

(8) 无碳纸

① 不要搞错正反面。

② 各联规矩要一致。

(9) 铝箔纸

① 使用挥发干燥油墨、UV 油墨、热固油墨等特种油墨，不能用吸收干燥油墨。

② 纸不能折。

(10) 打字纸

① 注意套规，拉规压力轻点，定位毛刷轮不要压纸边。

② 防透印，墨量小些。

③ 使用胶版墨，黏度低些。

(11) 书写纸

① 注意纸洞、烂纸。

② 使用胶版墨，黏度低些。

③ 注意纸张扩大造成正反套印不准问题。

(12) 字典纸

① 注意套规，套印要求高些。

② 注意纸张扩大造成正反套印不准问题。

(13) 证券纸

① 可用快干亮光墨，但应低黏度，轮转印刷应用轮转墨。

② 注意不要过底。

(14) 书皮纸

不要敲纸。

(15) 压纹纸

不要敲纸。

(16) 厚纸

① 叼纸牙叼纸量少些。

② 防双张。

③ 印刷压力不要过大。

④ 防压坏、压低橡皮布造成漏印。

(17) 薄纸

① 注意套规准确，调轻拉规压力，定位毛刷不要压纸边。

② 防透印，墨要小，油墨黏度低些，应用胶版墨印刷。

(18) 双面印刷

① 打翻要正确，不要搞错。

② 正反套印要准确，位置要准确。

③ 页码顺序不要弄错。

④ 打翻要换侧规。

(19) 光滑纸

① 使用亮光墨或快干墨。

② 防过底。

③ 墨量要小。

④ 防静电。

（20）粗糙纸

① 使用胶版墨。

② 易掉粉、掉毛。

③ 易堆版、堆橡皮布。

7. 印刷签样基本要求

（1）检查规线是否出齐。

包装盒：对比盒样位置是否留够。

折页：折成品检查顺序、裁切位。

注意：对于有预印样（预先印制的样品，包括上次印刷的样品与样张）的印件，可直接对照预印样规格检查。

（2）依照色样检查墨色，彩色及专色印件必须要有色样。

（3）检查套印是否准确（合符标准）。

（4）对照客户签样认真仔细核对图文，检查是否有遗漏不全、位置不准、图文不对等现象。

（5）双面书刊印件。折成品检查页码顺序是否正确。

（6）双面印件。印第二面时要检查正反套印是否准确及正反图文位置是否正确。

8. 正常印刷过程中应注意的事项

（1）经常抽样检查质量。检查项目包括墨色、套规、过底、墨量、水量、墨皮、脏点、纸毛、漏印、橡皮布压低。

（2）经常观察输纸状况。

（3）经常观注水、墨平衡状况。

（4）经常查看水斗、墨斗情况。

（5）做好下一步生产准备工作。

五、实习考核

实习结束应进行考核，独立印刷产品，根据完成情况及产品质量综合评分，考核与评分可由企业实习指导老师负责。

六、实习报告

实习结束后由学生写出《产品印刷实习报告》。

1. 如何进行印刷签样？
2. 印刷过程中应检查的产品质量项目有哪些？

3. 正式印刷时要注意哪些事项?

4. 平网叠印最好采用什么方式印刷?

5. 满版实地印刷应如何进行?

6. 包装盒印刷如何检查盒样的规格位置是否合适?

模块四

企业规章制度选编

此模块供学生自学。规章制度也是必须掌握的内容之一。任何企业都有相应的规章制度，尽管不同企业的规章制度可能各不相同，但只要掌握了本模块的内容，无论到哪个企业就业，都会很快适应企业的管理，具备良好的职业素养，特别是国际先进企业更是这样。本模块内容也可以帮助学生了解企业的管理情况，有利于学生进入企业实习与就业，适应企业的工作环境。以下规章制度选自部分印刷企业，并已经过适当修改。

一、登记管理制度

（1）所有事项必须如实登记，不准虚报、隐瞒。

（2）下班时应由机长填写交班记录。

（3）各班应由机长填写产量日报表。

（4）印刷故障应由机长填写印刷故障记录单。

（5）设备事故应由班长填写设备事故报告单。

（6）质量事故应由班长填写质量事故报告单。

（7）各种单据的所有项目都应填写齐全。

（8）质量跟踪卡由质检员填写。

（9）质量跟踪卡、质量事故报告单交质量部门汇总存档；印刷故障记录单由技术部门汇总存档；设备事故报告单交设备部门汇总存档。

（10）每种产品的技术、工艺数据及生产情况由机长和生产部门各记录一份存档，签样由机台和生产部门各保存一份以备再印时参考。

二、反映汇报制度

（1）实行逐级汇报制。工作中或生产中的技术与质量问题应逐级汇报，不能越级，越级无效。

（2）本级能处理的问题不上报，尽量在本级解决。本级无权处理或不能解决的应向直接上级汇报。

（3）不同级别处理问题的时间限制。机长级不应超半天，班长级不应超 1 天，主管级不应超 3 天，否则要及时向上一级汇报。

（4）安全事故、设备事故、质量事故等事故应向专职管理部门汇报，不得隐瞒不报，并由专职部门调查处理、公布结果。

（5）员工建议、意见可直接向任一级领导反应汇报，但不能作为正式依据使用，只作参考。印刷企业应设立意见箱作为员工向领导反应意见的途径，合理化建议经采用收到明显效果后应给予物质奖励。

（6）厂长应安排每月一次员工接待日，供员工与厂长交流、沟通或反应汇报意见与建议之用。

（7）汇报可采取书面或口头方式，但重要汇报或证据式汇报应采取书面方式，以便有据可查且不易忘记。

三、岗位负责制

（1）以事定岗。根据工作需要确定工作岗位。

（2）以岗定人。根据工作岗位确定人员配备。

（3）各岗位职权与责任要明确、具体。生产岗位职责不能包含、混同；领导岗位职责应分清层次，职责有包含关系时应定量区分职责大小范围，不能含糊或概括式表达，以免上下级职责不清。

（4）所有员工应首先做好本岗位的工作，不准越岗操作，越权指挥，超越职权，滥用职权，览功推过。

（5）印刷厂必备岗位有厂长、业务员、生产主管、工艺设计师、印刷工程师、机长、二手、三手、四手、装订工、质检员、保管员、采购员、司机、会计、出纳，等等。

（6）所有岗位都必须明确上下级关系，做到人人有监督、岗岗有职责。

四、工作纪律

上班期间，员工必须做到：

（1）不因工作需要不串岗。

（2）工作时间不做与工作无关的事。

（3）工作场所不许打闹、吵架、聊天、玩耍。

五、交接班制度

（1）两班制生产机台必须实行书面交接班制度，专用交班登记本记录各班生产情况。

（2）交班必须记录的事项有设备状况、生产任务、目前生产状况、技术数据、质量情况、长单还应写明本班产量及累计产量、其他注意事项等。

（3）交班应由机长填写，并签名。因交班不清造成损失由交班人承担60%，接班人承担40%。因交班错误造成损失由交班人负全责。

（4）接班人对不清楚的问题应向班长汇报，由班长决定，责任转移给班长。

（5）接班人应认真阅读交班记录，检查设备状况、质量情况与生产情况，复查签样与印刷品，对本班生产的产品全面负责。如发现签样有问题或接印时发现问题应马上向班长汇报处理。

（6）接印时因未发现上一班的质量问题造成本班印刷损失，由本班负责所印部分，不能推给上一班。

（7）接班人认为前一班签样或产品质量不合要求时，应向上级汇报，由上级裁决可免除接印产品责任。

（8）交接各班之间应相互配合，互谅互让，共同维护、保养好设备，共同完成生产任务。共同生产同一产品，如另一班生产质量问题造成本班无法生产出合格产品时，应事先请双方到场确认，或请质量技术工程师评定，以免发生争执与矛盾。

（9）交接各班之间应互相帮助，不要相互推脱。对生产准备工作应相互协助。整理环境、打扫卫生应在交班前完成，对印刷故障及难印的产品应积极接受，不要推让。

（10）各班应按规定完成设备保养工作，并相互监督，发现未按规定保养者应向班长或主管汇报，并按规定奖与罚。

六、胶印岗位职责

1. 机长岗位职责

（1）组织指挥本机台生产，负责校版、校墨色、签样、调机、修机、处理各种印刷故障。

（2）听从班长、主管的生产安排与指挥。

(3) 处理生产中的各种问题。

(4) 负责或配合修机。

(5) 对质量事故负责（领导强行指挥除外），对安全事故负间接责任。

(6) 执行车间各种措施、方案、规程。

(7) 保养、保护好胶印机，对设备事故负一定责任。

(8) 对产品质量负责，对超耗应承担经济责任。

(9) 保质、保量、按时完成生产任务。

(10) 管理、督促、组织手下人员。

2. 二手岗位职责

(1) 二手是机长的主要助手，应服从机长的工作安排和生产决定。

(2) 二手要经常注意输纸情况，保证输纸畅顺（看好飞达）。

(3) 执行车间各种措施、方案、规程。

(4) 配合机长调机、修机、校版、校墨色、处理印刷故障、检查产品质量，协助机长完成各项生产工作。

(5) 督促三手做好装纸、成品及半成品堆放，做好生产准备工作以及机台清洁、文明生产、环境卫生、设备保养等工作。

(6) 对质量事故、超耗损失负一定责任。

(7) 坚守一定岗位（定岗），完成岗位工作，不能随意离岗。

3. 三手、四手岗位职责

(1) 遵守厂内各项规章制度，不得无故离开工作岗位，不得在工作岗位上看书、报及打瞌睡。因事离开工作岗位要报告机长，离开工厂要办好请假手续。

(2) 遵守各种操作规程，服从机长的工作安排，接受机长及二手的督促和指导，努力学习技术，不断提高自己的技术水平。

(3) 做好装纸、成品、半成品堆放、防潮工作，搞好机台及环境卫生的清洁，搞好文明生产。在印刷途中发现有产品水干、水大、套印不正、墨皮等质量问题要找出或隔开，洗胶布或中途停机后印的坏纸要全部清出，不得流入下工序。

(4) 应做好生产前的准备工作，如换水辊、转色、换版前准备好汽油抹布等，生产途中经常注意水箱的水量、墨斗的墨量，缺水加水，缺墨加墨，并做到勤搅拌墨斗，在二手指导下，协助共同搞好输纸工作，要经常注意产品质量，发现问题及时报告机长或二手。

(5) 做好转色时的墨辊、水辊、胶皮、印版、压印滚筒的清洗工作，在机长或二手的指导下，做好装拆印版等工作，并完成机长授意完成的各项工作。

(6) 三手无机长的指导或授意，不得随意增减在印的墨量水量，调节控制系统，不得随意改变水斗液配方，冲淡、加深在印的油墨墨色，不得随意调节机器及纸托、拉规等。

(7) 要认真做好周末设备维护保养清洁加油工作。特别要做好链条、叼牙等易损部件的清洁加油及对马达的除尘、除脏工作。

(8) 在二手因事未上班或机长因事未上班，二手接替机长岗位责任制时，三手负责二手的岗位责任。

(9) 对质量事故、超耗损失负一定责任。

(10) 坚守一定岗位(定岗),完成岗位工作,不能随意离岗。

(11) 工作要勤快,不偷懒、不怠工。

4. 机修工岗位职责

(1) 服从主管与班长指挥,完成交办的修机任务。

(2) 修理胶印机各种机械故障。

(3) 配合机修组共同修机。

(4) 配合技术改造工作。

(5) 负责交办的技术改造工作。

(6) 负责设备事故调查与鉴定。

(7) 对修机质量负责。

(8) 机长与机修应相互配合,共同完成修机工作。

七、考勤请假制度

(1) 提前10分钟到达工作场所,作好工作准备。

(2) 上班期间一般不准外出,如因私事必需外出在1小时之内应向直接上级领导请示批准,并做好工作交代后才能离去,且要在1小时内返回,否则将根据迟到时间按迟到论处。如外出需超1小时者,应按请假规定办理。未经批准擅自外出者,一律按旷工论处。

(3) 迟到超10分钟,且在1小时以内按旷工半天论,迟到超1小时按旷工一天论处。

(4) 实行逐级考勤制。上级考勤直接下级,不能越级考勤。

(5) 考勤员每月要逐级汇报考勤,并每天填制考勤表,涂改无效。最终由厂长交劳资部门备案,并核算考勤奖。

(6) 请假实行两级审批制、一票否决制。先经直接上级领导批准后,再经其上级领导审核批准才能放行。未经批准而不上班者按旷工论处。

(7) 员工请假应事前进行,不准事后请假。请假一周以上者,应提前一周办理请假手续,以让厂方做好人员调配,否则不予批假。特殊或紧急情况不能提前请假的也应事先告知,不能事前告知的也应在可能时尽量通知,并事后提供相应证明,否则按旷工论处。

(8) 请假一周以上者应向劳资部门备案。

(9) 员工请病假应提供医院休假证明。不能提供证明者按事假论。

八、签样制度

(1) 任何印刷品必须经班长签样才能正式印刷,否则由机长承担一切损失。

(2) 实行机长首签,班组长必签,质检复检签制度。

(3) 机长认为合格后签字交班长签字,班长签字同意付印后才能正式开印。班长不得拒签,班长认为不合格应退回给机长处理,机长不能处理的问题应向班长汇报,由班长提出解决措施,机长应按要求执行,不得拒绝,否则按不服从管理论处。班长对质量问题拿不定主意的应向上级或业务员请示，对技术问题不能解决的应向上级或技术主管汇报。

（4）质检员应在正式印刷后及时复检并签字，如发现问题应马上向班长汇报并向机长指出。班长不处理时质检可在签字时指出并说明即可排除此项质检责任。

（5）签样样张必须保存好，不得丢失。生产管理部门应统一保存一份签样备案。

（6）因签样质量问题造成损失，机长、班长、质检等比例扣罚。

九、设备使用保养制度

1. 设备使用制度

（1）所有设备都要有专人负责管理，实行定人、定岗位管理制度。

（2）操作人员上机前，必须经过技术培训、学习有关设备的结构、性能、使用、维修保养和技术与安全操作规程等，经考核合格者，才能独立操作。

（3）生产设备实行机长负责制。

（4）设备运行中，有故障隐患需及时报告，进行检查修理，严防设备“带病”生产。

（5）设备发生事故要保护现场，及时报告处理，知情不报及破坏事故现场要严肃处理，并视情节进行经济扣罚。

（6）不准乱开他人机器，不准乱调机器时间关系等重要关键部件，修机与调机必须严格按岗位职责权限办理，无权人员不准乱用、乱调、乱修设备。

（7）严格遵守设备操作规程和维修保养规定，做到精心操作、精心维护。

（8）机长在下班前必须把本机台在操作中发现的问题和异常情况，按项目详细记载在交班簿上，便于有关人员和接班人了解机台状况。

（9）接班人必须认真按交接班簿上记载详细检查。

（10）接班人员应认真查看设备维护保养情况，如交班者未做到日常维护、保养，或设备有问题交班不清，接班者有权拒绝接班，并向车间、班组或有关人员反映，及时处理解决。

（11）设备非因正常损坏，致使停产或效能降低者均为事故，需经过大、中修。其修理费用达1000元以上，均为重大事故，其余为一般事故。

（12）设备事故发生后，应立即切断电源，保持现场完整，尽量制止事故的扩大及减少损失，并即报告车间负责人或有关人员，设备部门应组织车间负责人、操作人员、机修人员进行事故分析处理，重大事故要报告上级主管部门。对设备事故要做到“三不放过”，即事故原因不清不放过；责任者未经过处理和职工未受教育不放过；没有防范措施不放过。并在事故发生当天填写设备事故报告单。

（13）对事故责任人根据情节轻重和认识态度，分别给予批评教育、警告、记过处分或经济处罚，对于屡教不改或隐瞒事故不报告者，加重处罚。

2. 设备保养制度

（1）厂内生产设备实行定人使用、管理及保养制度，规定谁用谁进行润滑及保养，完工后即打扫干净。

（2）所有操作人员必须遵守设备操作规程，合理润滑，合理使用设备，搞好“三级保养制”。生产时不允许精机粗用，严禁设备超负荷、超规范使用，处理、安装工夹具等都应停机进行，不准随意拆除安全装置和零部件。电力供应中断时，应立即切断机台的电源，使全部手柄、手把还回安全位置。

（3）接班人员应认真查看设备维护保养情况，如交班者未做到日常维护的保养要求，接班者有权拒绝接班，并向车间、班组或有关人员反映及时处理解决。

（4）设备润滑实行“五定”制度。

① 定点。根据设备的润滑部位和润滑点的位置及数量进行加油、换油，并要求熟悉它的结构和润滑方法。

② 定质。使用的油品质量必须经过检验，符合该台设备使用标准，清洗换油时要保证清洗质量，润滑器具保持清洁，设备上的润滑装置要完好，防止尘土、铁屑、粉末、水分等落入。

③ 定量。在保证润滑良好的基础上，本着节约用油的原则，机台应该有油的定额。

④ 定时。按照设备规定的时间进行加油，并按换油周期进行清洗换油。

⑤ 定人。规定什么润滑部位和润滑点由谁负责加油、换油。

（5）实行设备的定期保养制度。

① 日保。班前后由操作人员认真检查设备，擦拭各个部位和加注润滑油，使设备经常保持整齐、清洁、润滑、安全。生产中设备发生故障，及时给予排除，并认真做好记录。日保项目包括：每天开机前加油；经常打扫机器表面，弄上油污或油墨要马上擦去；尾班要洗干净墨辊、水辊、墨铲、墨槽、刮墨斗；下班时要擦洗胶皮及压印滚筒，并要洗净各滚筒滚枕。

② 周保。每周末用 1 小时对设备进行大扫除，并加注黄油。

③ 月保。每月用半天至一天时间对设备进行全面保养。

十、现场管理制度

（1）现场管理要逐步实现程序化、标准化、规范化。

（2）制定各项具体现场管理规定，并由专人负责监督检查。

（3）生产现场应划分各种区域，不同区域规定放置不同生产物品，通道上不得放置任何纸张、杂物。

（4）实行定点管理制。油墨、墨铲、润版液、抹布、校版调机工具、白料、半成品、成品、纸台等生产用原材料、辅助材料、生产工具都应按规定存放指定地点，不得随意改变。

（5）不准乱扔纸片、纸屑、废纸，地面上的废纸及机台下的废纸应及时清除，经常保持现场干净、整洁。

（6）水、油、油墨弄到地面上或机台上应马上擦除。不准随地吐痰，乱丢垃圾。

（7）白料、成品、半成品应堆放整齐、平稳，每堆高度不应越过 1.5 米。

（8）工作台、看样台、工作椅不准随意搬动。

（9）生产现场的醒目地点应张贴产品质量标准、设备保养规程、岗位职责等规定及宣传标语。

（10）每台设备都应配备看样台、撞纸台。看样台处应压放签样程序、印刷生产要求等必用文件。

(11) 过版纸应按尺寸大小与厚度分类堆放整齐在规定的地点，不得乱放乱摆，不准大小混堆、厚薄混杂。

(12) 修调机工具（常用除外）应放在各自工具箱内，由机长保管，各机台之间一般不准相互借用、乱拿，如果必须借用应在用后及时归还。

十一、质量考核制度

(1) 每印单都要有质量跟踪卡，每工序都要填写质量跟踪卡，各班所印产品应用各自标记区分，以分清质量责任。

(2) 质量跟踪卡由质量员填写，且随生产流程移交下工序，最后由成品库交质量部门统计存档。

(3) 每月由质量部门统计各机长、各机台、各班组的质量损耗情况（即每月质量公报）。质量公报应张贴在员工易识别的地方。

(4) 质量事故（损失超1000元）应公布质量事故报告单，并张贴在员工易识别的地方，还要专门召开质量教育大会，讲解分析事故原因、预防及改进措施。

(5) 质量事故应根据各人责任大小处罚。责任划分应明确具体。罚款要有据可依，事先制定罚款规定，否则不应经济处罚。各种质量事故的责任承担比例规定如下：

① 客户来稿来样错误造成：由客户承担或企业承担。

② 上工序错误：下工序无法发现的（非职责范围）由上工序全部承担；下工序应该发现（职责范围）而未发现由下工序承担50%，上工序承担50%。

③ 开工单错误：由制单与审核各承担50%。

④ 班长签样错误：由班长、机长、质检均担，免责情况除外。

⑤ 机长与二手、三手、四手责任承担比例为：机长50%，其他均分；两人开机时机长70%。

附　录

内容提要

附录一　实训考核记分总表（供参考）

附录二　单色印刷评分表（供参考）

附录三　双色印刷评分表（供参考）

附录四　实训项目与学时分配表（参考标准）

附录五　教学内容与学时分配表（参考标准）

附录六　平版印刷操作规程汇总表

附录七　平版印刷实训项目考核评分标准（供参考）

附录一 实训考核记分总表（供参考）

考核项目	安全操作规程	了解印刷机	齐纸与装纸	拆装橡皮布	拆装印版	着墨辊调节	按键操作	输纸操作	输纸时间调节	拉版操作	改规	专色墨调配	校版	校色	印刷质量分析	印刷故障分析	单色印刷	双色印刷	考勤	总分
分值	5	2.5	5	2.5	5	5	2.5	5	2.5	5	5	5	10	5	5	5	10	10	5	100

注：旷课一次扣1分，缺席一次扣0.5分，迟到早退一次扣0.5分，扣完为止。

附录二　单色印刷评分表（供参考）

序号	考核内容	考 核 要 点	分值	评 分 标 准	扣分	得分
1	安全操作	严格遵守《安全操作规程》操作	10	没有严格遵守《安全操作规程》操作，扣10分		
2	清洗橡皮布与印版	操作手法熟练、清洗剂选择正确、印版与橡皮布清洗干净	10	清洗不干净，扣5分；清洗剂选择不正确，扣3分；操作不熟练，扣2分		
3	装版	把待印的印版按装版的操作要求装上印刷机	10	装版的过程有不符合装版操作要求的，扣10分		
4	输水输墨	① 根据印版上图文分布的情况调节好墨斗，做好输墨工作 ② 做好输水工作	10	没有控制好水量和墨量的，扣10分		
5	试印刷	调整好输纸器，使纸张能正确、顺利地输送，并印出试印样	10	对印刷机操作不熟练，输纸不顺利的，扣10分		
6	校版校规	规线全部出齐，叼口水平，规线上下左右居中	20	叼口未打平，扣5分，规线未居中，扣5分		
7	控制好产品的质量	按样张要求校好墨色，控制好水墨平衡	30	产品的墨色与样张不符的，根据情况扣分		
8	考核时间定额	在30分钟内正确完成整个单色印刷的操作过程，以签样时间为准		每超出1分钟在总分中扣3分		
合计		100				

否定项：① 产品的规格没有按要求调整好的，该操作记零分。
② 产品的墨色与样张严重不符，水墨严重不平衡的，该操作记零分。
③ 拉断印版的，该操作记零分。

附录三　双色印刷评分表（供参考）

序号	考核内容	考核要点	分值	评分标准	扣分	得分
1	安全操作	严格遵守《安全操作规程》操作	10	没有严格遵守《安全操作规程》操作，扣10分		
2	装版	把待印的印版按装版的操作要求装上印刷机	10	装版的过程有不符合装版操作要求的，扣10分		
3	试印刷	调整好输纸器，使纸张能正确、顺利地输送，并印出试印样，将第二色套在第一色上	10	对印刷机操作不熟练，输纸不顺利的，扣10分		
4	控制好产品的质量	按样张要求校好印版，调整好印张的规格和墨色	70	① 第二色与第一色套印误差大于0.1mm的，扣20分 ② 产品的墨色与样张不符的，根据情况扣10～50分		
5	考核时间定额	在30分钟内正确完成整个套色印刷的操作过程。以签样时间为准		每超出1分钟在总分中扣3分		
合计			100			

否定项：① 产品套印不准，误差超过了0.1mm的，该操作记零分。
② 产品的墨色与样张严重不符，水墨严重不平衡的，该操作记零分。
③ 拉断印版的，该操作记零分。

附录四　实训项目与学时分配表（参考标准）

序号	实训项目	每人学时数（节）	每组学时数（节）
1	认识印刷材料	共4	4
2	了解印刷机	共2	2
3	齐纸、装纸、敲纸、数纸、搬纸	共6	6
4	胶印机按键操作	共1	1
5	专色油墨调配	共4	4
6	拆装版	每人30分钟	0.7n
7	拆装橡皮布	每人20分钟	0.5n

续表

序号	实 训 项 目	每人学时数（节）	每组学时数（节）
8	输纸与收纸实训	每人 30 分	0.7n
9	输纸时间调节	每人 20 分	0.5n
10	拉版操作	每人 30 分	0.7n
11	水墨辊拆装与压力调节	每人 20 分	0.5n
12	胶印机润滑与保养操作	共 2	2
13	拆卸更换易损件	共 2	2
14	确定与调节印刷压力	共 2	2
15	前规与侧规位置调节	每人 30 分	0.7n
16	改纸张尺寸印刷	每人 20 分	0.5n
17	印刷前准备	共 1	1
18	输水输墨	共 1	1
19	校版	每人 3 学时	3n
20	墨色调节（校色）	每人 1 学时	1n
21	印刷品质量分析	共 1	1
22	印刷故障分析（口答）	共 2	2
23	印刷机清洗与转色	每人 1 学时	1n
24	单色产品印刷	每人 30 分	0.7n
25	双色产品印刷	每人 30 分	0.7n
合计		39	28 + 11n

注：“共”表示总共学时数，不以单个学生计，不用单个学生轮流进行实训，以教师示范与讲解为主。
“n”表示每组学生人数。每学时按 45 分钟计。

附录五　教学内容与学时分配表（参考标准）

模块	序号	任　　务	学生实训实操学时	教师实训指导学时	总学时
平版印刷基本常识	1	平版印刷基本原理	0	1	1
	2	平版印刷安全操作	0	3	3
	3	认识印刷材料	4	4	8
	4	了解平版印刷机	2	1	3
	5	印刷基本生产流程	0	1	1
	6	平版印刷必备相关知识	0	2	2

续表

模块	序号	项　　目	学生实训实操学时	教师实训指导学时	总学时
平版印刷基本操作	7	齐纸、装纸、敲纸、搬纸	6	0.5	0.5
	8	胶印机按键操作	1	0.5	1.5
	9	专色油墨调配	4	1	1
	10	拆装版	7	0.5	7.5
	11	拆装橡皮布	5	0.5	5.5
	12	输纸与收纸	12	6	18
	13	拉版	7	1	8
	14	水墨辊拆装与压力调节	5	1	6
	15	胶印机润滑与保养	2	0.5	2.5
	16	胶印机维修常识	2	0.5	2.5
	17	调节印刷压力	2	1	3
	18	前规与侧规调节	7	1	8
	19	改规	5	0.5	5.5
产品印刷综合训练	20	印刷工艺流程	0	0.5	0.5
	21	阅读施工单	0	0.5	0.5
	22	印刷前准备	1	2	3
	23	输水与输墨	1	1	2
	24	校版	30	1	31
	25	印刷质量控制	10	2	12
	26	印刷故障分析	0	2	2
	27	印刷机清洗与转色	10	0.5	10.5
	28	单色印刷	7	0	7
	29	多色印刷	7	1	8
	30	无水胶印	0	0.5	0.5
	31	产品印刷实习	半年	0	半年
合计			137	37.5	174.5

本表实训学时数是以每组10人为例计算出来的，每组人数不同，学生实训实操学时数也不同。学生实训实操学时数计算方法参见“实训项目与学时分配表”。

附录六　平版印刷操作规程汇总表

序号	操作规程名称	序号	操作规程名称
1	平版印刷安全操作规程	11	着水辊压力调节操作规程
2	专色油墨调配操作规程	12	拆装墨辊操作规程
3	装版操作规程	13	更换水绒套操作规程
4	拆装操作规程	14	预上墨操作规程
5	拆橡皮布操作规程	15	预上水操作规程
6	装橡皮布操作规程	16	借滚筒操作规程
7	输纸操作规程	17	洗机操作规程
8	输纸时间调节操作规程	18	侧规调节操作规程
9	拉版操作规程	19	单色印刷操作规程
10	着墨辊压力调节操作规程		

注：全书中的操作规程针对光华 PZ1650 胶印机有效，可供其他印刷机型参考。

附录七　平版印刷实训项目考核评分标准（供参考）

序号	实训项目	考 核 方 法	评 分 标 准	合格标准（不合格情形）
1	安全操作规程	默写《胶印机安全操作规程》，统一安排考试	每条 5 分，共 100 分，折合为 5 分	少写一条即不合格，答案意思相近可通过
2	了解印刷机	教师随机指定 5 个部件，要求学生说出名称及作用	每个 1 分，共 5 分，折合为 2.5 分	有 3 个说不出来名称或作用，不合格
3	齐纸与装纸	每位学生齐 1000 张四开纸，并装好，时间 5 分钟	总分 5 分，根据纸堆整齐程度打分，有一张严重不齐的扣 1 分，每超时 1 分钟扣 1 分	有 3 张纸严重不齐的不合格，超时 3 分钟不合格
4	拆装橡皮布	拆装橡皮布一次（不拆叼口边，只拆装拖梢一边），时间 5 分钟	按操作流程及时装好并收紧合适给 5 分，操作流程错一处扣 1 分，没收紧扣 1 分，超时扣 1 分，总分为 5 分，折合为 2.5 分	不能装上，不合格，违反安全操作规程出现事故的不合格。超时 3 分钟不合格

续表

序号	实训项目	考 核 方 法	评 分 标 准	合格标准（不合格情形）
5	拆装印版	拆装一块印版，时间5分钟	操作规范，符合操作规程，印版叼口水平，左右居中，各螺钉收紧合适并按时完成给满分，总分5分，操作流程错一处扣1分，印版很斜扣1分，螺钉没收紧扣1分，超时扣1分	违反安全操作规程出现事故的不合格。印版装错叼口的不合格，印版拉版螺钉全部没有收紧的不合格，印版未夹紧的不合格，拉断印版的不合格。超时3分钟不合格
6	专色油墨调配	准备5个色样，由学生抽取一个色样进行调配，时间5分钟	根据颜色接近程度与手工打样质量打分，总分5分，打样不均者扣1分，每超时2分钟扣1分	超时5分钟不合格，颜色偏差过大不合格
7	按键操作	教师任意指定5项功能，由学生完成操作	错一项扣1分，只要按错键即算为错，重做不算对。共指定5项，每项1分，共5分。折合为2.5分	错3项为不合格
8	输纸操作	教师调乱一个输纸部件，由学生输500张纸，10分钟内完成	没有发现存在的问题扣1分，输纸出现一次故障扣1分，超时未完成给0分	超时未完成的不合格，输纸过程中断输纸3次不合格
9	输纸时间调节	每人按教师要求调节输纸时间一次	发现一处操作错误扣1分，共5分。折合为2.5分	调节方向错误的不合格
10	拉版操作	任抽一种拉版方法进行拉版，时间5分钟	操作程序正确，拉版到位，没有故障给5分，操作程序错一处扣1分，拉版不到位扣1分，拉断印版或不能完成的不给分，每超时1分钟扣1分	拉断印版或不能按时完成的不合格，拉版后没有收紧印版的不合格，印版被强行拉出的不合格
11	改规	大四开改正四开，然后再从正四开改为大四开，轮流进行。实训即考核	要求改规后输纸500张，保证输纸顺利、输纸定位准确、收纸正常。少调1项扣1分，共5分	共有3项未调的不合格，改后不能正常输纸与收纸的不合格
12	着墨辊调节	调节一根着墨辊压力，时间5分钟	程序正确，压力大小符合标准给5分，程序错一处扣1分，压力大小不合适扣1分，超时1分钟扣1分	压力两端偏差超过2mm的不合格，调节后未收紧螺钉的不合格，超时3分钟不合格
13	校版	在已印第一色基础上套印第二色，通过借滚筒及拉版校准印版，各单独考核一次。每次30分钟内完成	每项分值为5分，共10分。误差超过0.5mm扣3分，大于1mm给0分，小于0.5mm给满分	套印误差超过0.5mm的不合格。违反操作规程出现事故的不合格，超时10分钟不合格。拉断印版的不合格。忘记落水辊印刷造成印版严重起脏的不合格

续表

序号	实训项目	考 核 方 法	评 分 标 准	合格标准（不合格情形）
14	校色	在10分钟内完成墨色调节，正式印刷200张纸	考核方法与练习方法相同，根据墨色的均匀性及与样张的相符程度给分，每张试样满分计10分，共100分。折合为5分	墨色偏差很大、严重不匀的不合格。不能按时完成的不合格。水墨严重失衡的不合格
15	印刷质量分析	任意抽取5张样由学生分析，找出其中所有的质量问题。考核样张事先不让学生知道，要另外准备，考核样张必须与练习的样张在产品内容上是不同的。考核时单个进行，其他同学应当回避	每张样满分为10分，找出所有的质量问题，给10分，漏任何一个质量问题给0分，共50分，折合后计为5分	有3张样不能找出所有的印刷质量问题的不合格。找出一部分质量问题不能算为全部找出
16	印刷故障分析	随机抽取三题，由学生作答	根据回答的正确性及表达水平给分，解决问题的思路不正确的适当扣分，满分5分	有2道题不能正常作答的不合格。回答基本正确算通过
17	单色印刷	实训即考核。真实单色产品印刷，从装版开始计时，签样时结束计时，共30分钟内完成。印前准备时间及签样后的印刷时间不计入考核时间	根据产品完成情况及印刷质量由学生评分，满分为10分	图文裁切线未出齐的不合格，水墨严重失衡的不合格，不落水辊印刷的不合格，不能按时完成的不合格，叼口水平误差超过1mm的不合格，拉断印版的不合格，违反操作规程出现安全事故的不合格
18	双色印刷	实训即考核。真实双色产品印刷，从装版开始计时，签样时结束计时，共30分钟内完成。印前准备时间及签样后的印刷时间不计入考核时间	根据产品完成情况及印刷质量由学生评分，满分为10分	套印误差超过0.5mm的不合格，水墨严重失衡的不合格，墨色严重不匀的不合格，水量或墨量过大过小的不合格，不落水辊印刷的不合格，不能按时完成的不合格，叼口水平误差超过1mm的不合格，拉断印版的不合格，违反操作规程出现安全事故的不合格

注：违反操作规程造成事故的均为不合格。

主要参考文献

［1］陈正传，唐裕标．印刷材料．北京：印刷工业出版社，2005．
［2］王卫东．印刷色彩．北京：印刷工业出版社，2007．
［3］马若丹．印刷跟单速学速通．北京：印刷工业出版社，2009．